EINSTEINS FØRSTE FEJL

Tids interval

Evgeni Bantutov

ЕДБ

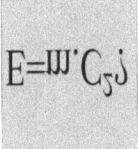

Copyright © 2022 Evgeni Bantutov

All rights reserved

The characters and events portrayed in this book are fictitious. Any similarity to real persons, living or dead, is coincidental and not intended by the author.

No part of this book may be reproduced, or stored in a retrieval system, or transmitted in any form or by any means, electronic, mechanical, photocopying, recording, or otherwise, without express written permission of the publisher.

Cover design by: ЕДБ

CONTENTS

Title Page
Copyright
1. Forord — 1
2. Introduktion — 2
3. Beskrivelse af problemet — 3
4. Løsning på problemet — 55
5. Analyse 02.02.2022. — 60
6 Analyse 22022022 — 65
7. Definition miljø — 67
8. Forklaringer til definitionsmiljøet. — 68
9. Konklusion — 74

1. FORORD

Denne bog har titlen Einsteins første fejltagelse. Den er designet som en anden udgave og udvidet version af bogen "Einsteins fejltagelse". Væsentlige dele af hovedteksten er blevet redigeret, og tre nye kapitler er tilføjet.

2. INTRODUKTION

Den særlige relativitetsteori blev skabt af Albert Einstein. Det er en teori om tid, rum og bevægelse.

Ved at skabe den særlige relativitetsteori brugte Einstein ure, der måler tid.

Disse ure skal køre synkront. For at de kan arbejde synkront, skal de være synkroniseret på forhånd. Synkronisering af ure udføres altid ved hjælp af en metode til at verificere den synkrone drift af ure.

Den metode, Albert Einstein brugte, er umulig. Når Albert Einsteins metode er umulig, så er Special Relativity også umulig.

Det er, hvad vi vil vise i denne bog.

Der er mange figurer i bogen. Gennem figurerne er Albert Einsteins metode a til at kontrollere den synkrone drift af ure let vist og forklaret .

Når der er tal, forstår læsere, der ikke har en specialuddannelse i fysik, straks, hvad Albert Einsteins fejl var.

Bogen er lavet helt bevidst, til folk der ikke er specialister i fysik, men som kan lide at tænke, analysere og søge svar på interessante fysiske spørgsmål og naturmysterier.

3. BESKRIVELSE AF PROBLEMET

I 1905 blev artiklen " Zur elek $_t$ rodynamik flyttemand Kö rper " Annalen _ der Physik 1905 17, 891-921).
Forfatteren er meget ung, og han hedder Albert Einstein. Efter denne artikel blev han en verdensberømt forsker.
Artiklen består af en introduktion, to dele og ti afsnit. De vigtigste ting er sagt på de første tre sider af artiklen. På disse få sider vises de ideer, der ligger til grund for den særlige relativitetsteori. Disse ideer er genstand for alvorlig kritik og kan indvendes.
Hovedindvendingen er imod Albert Einsteins metode til at synkronisere ure.
Her er hvad Einstein siger:

Hvis et ur er placeret på et punkt i rummet, så kan observatøren, der befinder sig på A**, bestemme tidspunktet for begivenhederne direkte kl** A**.Ved at bede om sammenfaldet af de samtidige med disse begivenheder placeringen af viserne på uret. Hvis der på et andet sted** B **i rummet også er et ur, - vi kan tilføje, "et ur med nøjagtig samme enhed som det, der er placeret i** A**, - så er det stadig muligt at bestemme tidspunktet for begivenheder i** umiddelbar nærhed, **fra en placeret i** B **observatøren.**
Uden en yderligere antagelse er det dog ikke muligt at sammenligne i tid, en begivenhed i A**, med en begivenhed i** B**;**

indtil videre har vi defineret "tid A" og "tid B", men ikke det generelle, for A og B "tid".

Det sidste kan vi gøre ved at antage per definition, at den tid det tager lys at nå fra A til B er lig med den tid det tager at nå fra B til A. Lad det være netop på et øjeblik t_A i forhold til tiden A, en lysstråle rettes fra A til B, på et øjeblik t_B i forhold til tiden B reflekteres den fra B til A, og på et øjeblik t'_A i forhold til "tid A" vender den tilbage til A. Per definition er to ure synkroniseret, hvis:

$$t_B - t_A = t'_A - t_B$$

Dette er teksten, hvor Albert Einstein viser sin metode til at synkronisere to ure og beviser, at disse to ure fungerer synkroniseret. Einsteins metode er let forklaret og forstået ved brug af et numerisk eksempel.

For eksempel sender en observatør A en lysimpuls klokken otte om morgenen. Klokken otte er et øjeblik i tiden t_A.

$$t_A = 8$$

Hvis de to ure er synkroniseret, skal observatørens ur B også vise klokken otte.

Begyndelsen af lysimpulsen ankommer til punkt B, og derefter viser observatørens ur, der er placeret ved punkt B, klokken ti. Klokken ti er et øjeblik t_B

$$t_B = 10$$

Hvis de to ure er synkroniserede, skal observatørens ur A også vise klokken ti.

Strålen reflekteres fra punkt B, og vender tilbage til en observatør A klokken tolv. Klokken tolv er et øjeblik t'_A.

$$t'_A = 12$$

Hvis de to ure er synkroniseret, bør uret ved punktet B også vise klokken tolv.

Lyspulsen, rejser afstanden fra A til B om to timer, og tilbagelægger den omvendte afstand, fra B til A, igen om to timer.

Ifølge Einsteins definition er to ure synkroniseret, hvis:

$$t_B - t_A = t'_A - t_B$$

I Einsteins formel erstatter vi tidens øjeblikke med deres numeriske værdier og får udtrykket:

10-8=12-10

Det opnås:

2=2.

Ligheden er sand, derfor er urene synkroniserede. Alt er meget enkelt, og læseren er overbevist om, at eventuelle kommentarer er unødvendige.

Det er desværre ikke sandt.

Nu vil du og jeg, kære læser, omhyggeligt analysere Albert Einsteins metode.

Albert Einstein siger følgende:

Lad det være netop i et øjeblik t_A i forhold til "tid A", at en lysstråle rettes fra A til B, i et øjeblik t_B i forhold til "tid B", reflekteres den fra B til A, og i et øjeblik t'_A i forhold til "tid A", vender den tilbage til A.

Af hvad der er blevet sagt, følger det, at når strålen ankommer til punkt B, skal den reflektere fra punkt B, og begynde at bevæge sig i den modsatte retning, til punkt A. Albert Einstein forklarede ikke, hvordan en lysstråle reflekteres. Einstein viste ikke en bestemt måde, hvorpå lyset ville reflektere og begynde at bevæge sig fra punkt B til punkt A.

Vi ved alle, at den nemmeste måde at reflektere lys på er gennem et spejl.

I artiklen af G. B. Malinin ("Om mulighederne for eksperimentel afprøvning af det andet postulat for speciel relativitetsteori" Uspekhi fiziziknih Nauk, 2004, bind 174.) står det for eksempel, at lysreflektionen udføres af en spejl.

Derfor beslutter vi os også for at bruge et spejl. Til dette formål placerer vi et spejl på punkt B. Den reflekterende overflade af spejlet er rettet mod punktet A.

For at gøre det helt klart, se figur 1.

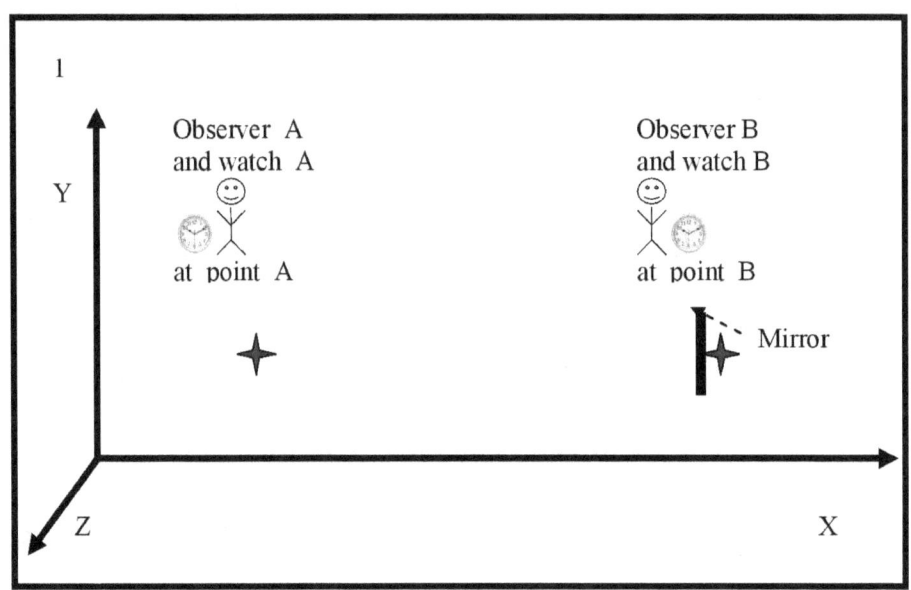

Figur 1 viser:

Koordinatsystem XYZ.

Et punkt, A hvor en observatør A, som er forsynet med et ur, befinder sig A.

Et punkt, B hvor en observatør B, som er forsynet med et ur, befinder sig B. Et spejl er placeret foran punktet B, som kan reflektere en lysstråle.

Prik A og prik B er markeret med symbolet "✦".

Urene ved prik A og prik B er de samme. Når urene er ens, antages det, at de måler samme tid.

observatør A ved ikke, hvordan viserne på en observatørs ur bevæger sig B.

Omvendt ved en observatør B ikke, hvordan viserne på en observatørs ur bevæger sig A. Urene skal synkroniseres.

Albert Einstein foreslog at synkronisere bevægelsen af

viserne på de to ure ved at bruge en lysstråle. Albert Einsteins metode siger , at en observatør A sender en lysstråle til en observatør B. En laser kan bruges.
Se figur 2.

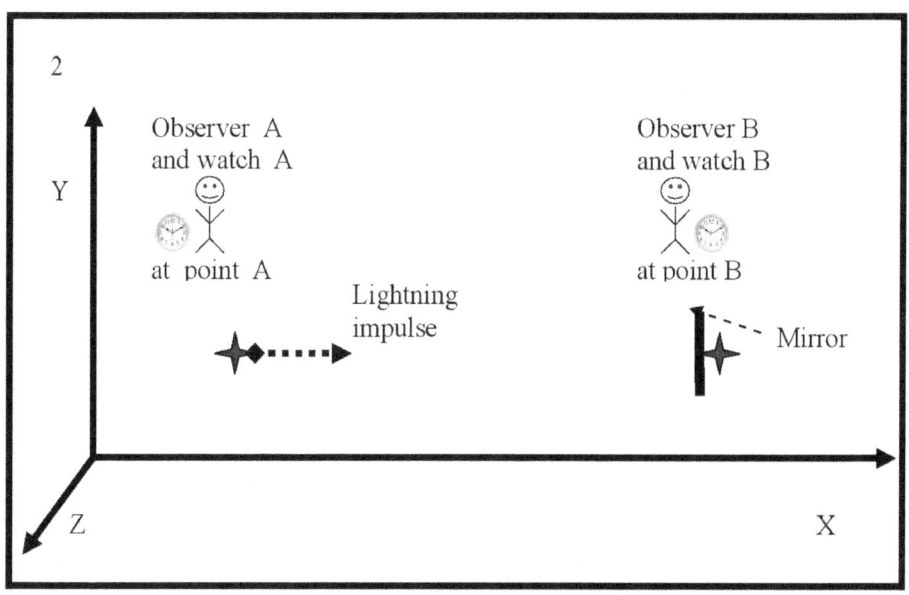

Figur 2 viser en laserlyspuls.

En lysimpuls har en begyndelse og en slutning. Fremkomsten af begyndelsen af lysimpulsen er en begivenhed, der sker på et tidspunkt t_A. Observatøren A bestemmer tidspunktet t_A ved hjælp af sit ur, som er placeret i umiddelbar nærhed af et punkt A. Observatøren husker på et tidspunkt A, at begivenheden "tilsynekomsten af begyndelsen af lysimpulsen" fandt sted på et tidspunkt t_A.

Lysimpulsen begynder at bevæge sig mod observatøren, som befinder sig ved punktet B.
Se figur 3.

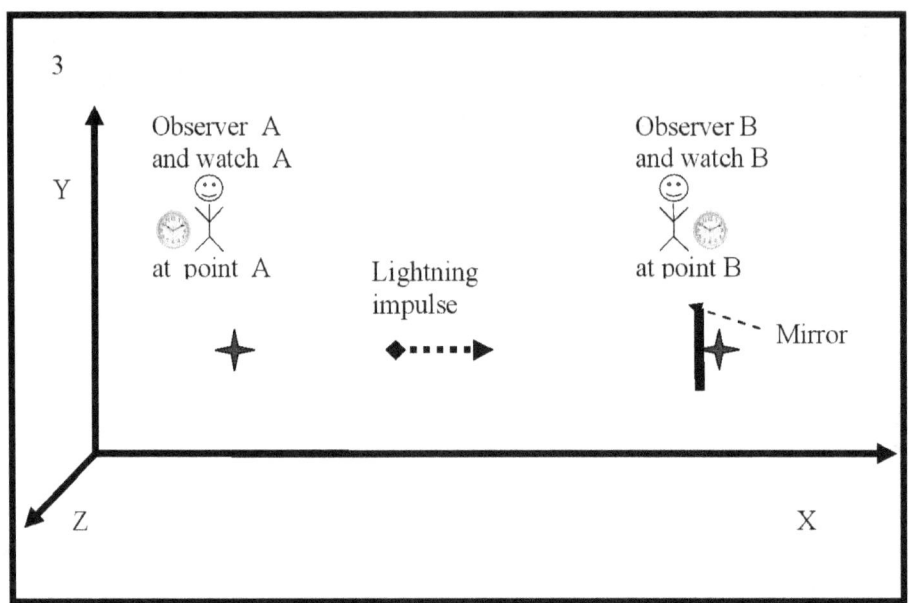

Figur 3 viser, at lysimpulsen ligger et sted mellem punkt A og punkt B.

Observatøren, der befinder sig ved punkt A, kan ikke observere lysstrålens bevægelse. Men observatøren, der er placeret ved punktet A, ved (har information), at lysstrålen bevæger sig mod observatøren, der er placeret ved punktet B, og at lysstrålen vil reflektere fra spejlet (som er placeret ved punktet B), og vil vende tilbage at pege A.

Observatøren på punkt A, iagttager omhyggeligt aflæsningerne af sit ur og venter på, at lysstrålen vender tilbage, tilbage til punkt A.

Lyspulsen ankommer til punktet B.
Se figur 4.

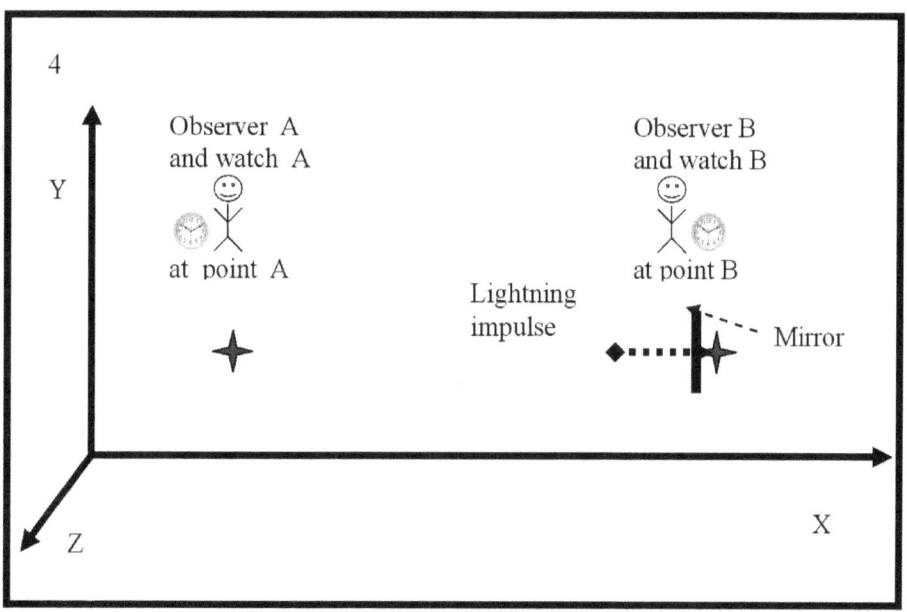

Figur 4 viser, at observatøren på et tidspunkt B bemærker ankomsten af lysimpulsen og ser den reflekteret af spejlet. Ankomsten af lysstrålen til et punkt B og refleksionen af lysstrålen fra spejlet er to begivenheder, der opstår på samme tidspunkt t_B.

Se figur 5.

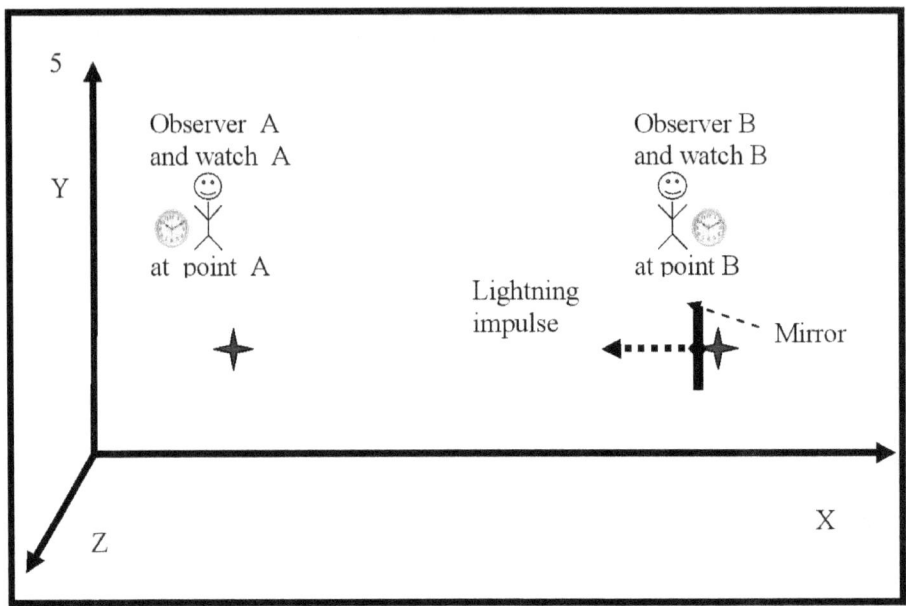

Figur 5 viser ankomsten og refleksionen af lysimpulsen. Observatøren B bemærker på et tidspunkt, at disse to begivenheder, ankomst og refleksion, sker på samme tidspunkt t_B. Tidspunktet t_B registreres ved aflæsninger af viserne på uret, af observatøren på punkt B. Observatøren, som er placeret ved punkt B, husker, at ankomsten og refleksionen af lysstrålen sker på et tidspunkt t_B.

Lysimpulsen reflekteres fra spejlet og går tilbage til et punkt, A hvor observatøren befinder sig A.

Se figur 6.

EINSTEINS FØRSTE FEJL

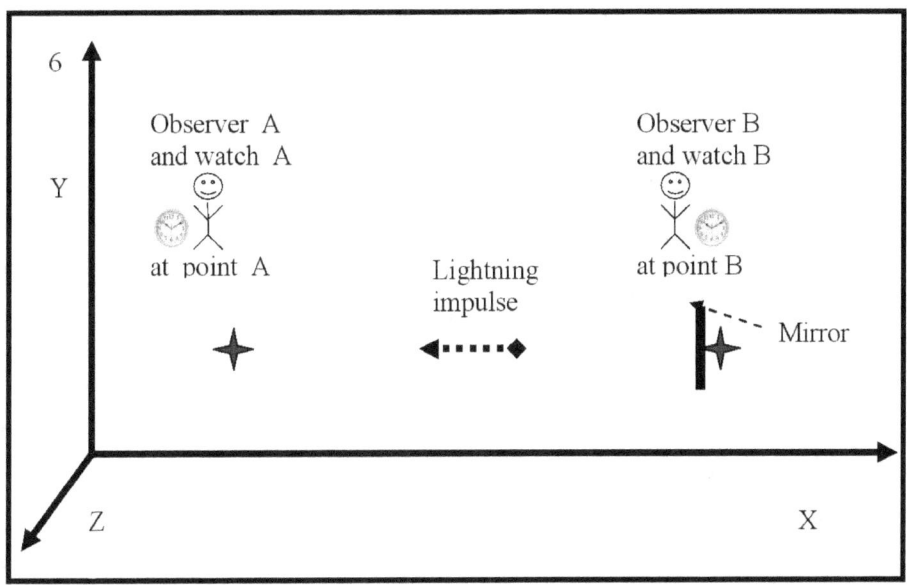

Figur 6 viser, at lysimpulsen er placeret et sted mellem punkt A og punkt B. Observatøren ved punktet A, og observatøren ved punktet B, kan ikke observere lysimpulsens bevægelse, men de ved, at pulsen bevæger sig fra punkt B til punkt A

Lyspulsen ankommer til punktet A.
Se figur 7.

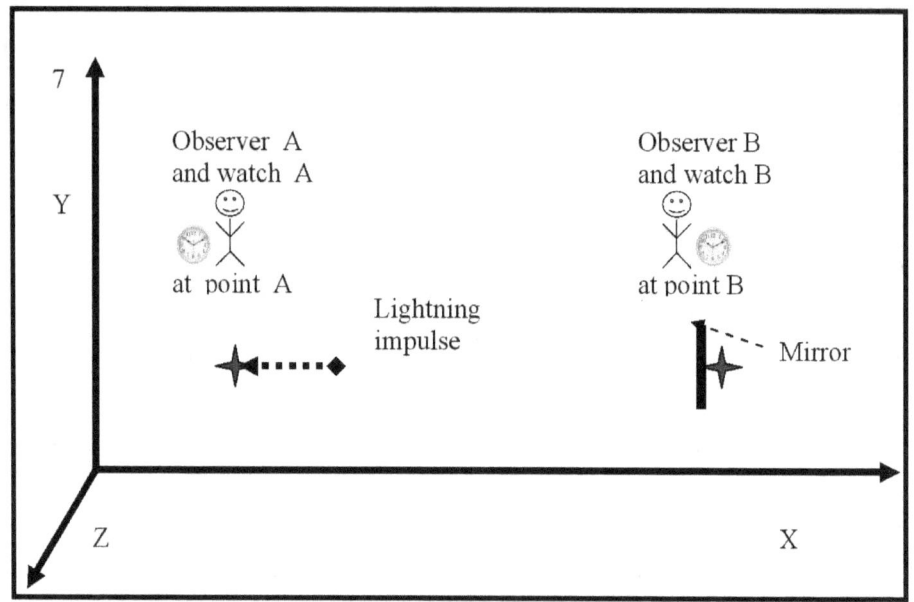

Figur 7 viser, at ankomsten af pulsen til punktet A, er en forekommende hændelse. Observatøren A bemærker, at ankomsten af lysimpulsen sker på et tidspunkt t'_A. Målingen af tidspunktet t'_A udføres af urets aflæsninger, som er placeret ved punktet A. Observatøren på et tidspunkt A husker tidspunktet t'_A, fordi tidspunktet t'_A er nødvendigt for at synkronisere de to ure.

Efter at have udført tankeeksperimentet kommer der fire vigtige resultater frem.

Første vigtige resultat:

Observatøren på et punkt A kender **den** numeriske værdi af det tidspunkt t_A, hvor lysimpulsen forlod punktet A, og **kender** den numeriske værdi af det tidspunkt t'_A, hvor lysimpulsen kom tilbage til punktet A.

Et andet vigtigt resultat:

Observatøren ved et punkt A kender **ikke** den numeriske værdi af det tidspunkt, t_B hvor lysimpulsen ankom til punktet B.

Et tredje vigtigt resultat:
Observatøren i punkt B **ved**, at lysimpulsen er ankommet til et tidspunkt B, på et tidspunkt t_B, registreret af et ur B.

Fjerde vigtige resultat:
Observatøren på et punkt B kender **ikke** den numeriske værdi af det tidspunkt, t_A hvor lysimpulsen forlod punktet A, og **han kender ikke** den numeriske værdi af det tidspunkt, t'_A hvor lysimpulsen kom tilbage til punktet A.

For at de to ure kan synkroniseres efter, skal betingelsen være opfyldt:

$$t_B - t_A = t'_A - t_B$$

For at kunne skrive det matematiske udtryk skal mindst én af de to observatører, enten observatøren placeret ved punkt A, eller observatøren placeret ved punkt B, **vide de tre numeriske værdier,** på tidspunkterne t_A, t_B og t'_A.

Desværre kender ingen af de to iagttagere, den første placeret ved punkt A, og den anden placeret ved punkt B, **de tre numeriske værdier** af tidsøjeblikke t_A, t_B og t'_A.

Se figur 8.

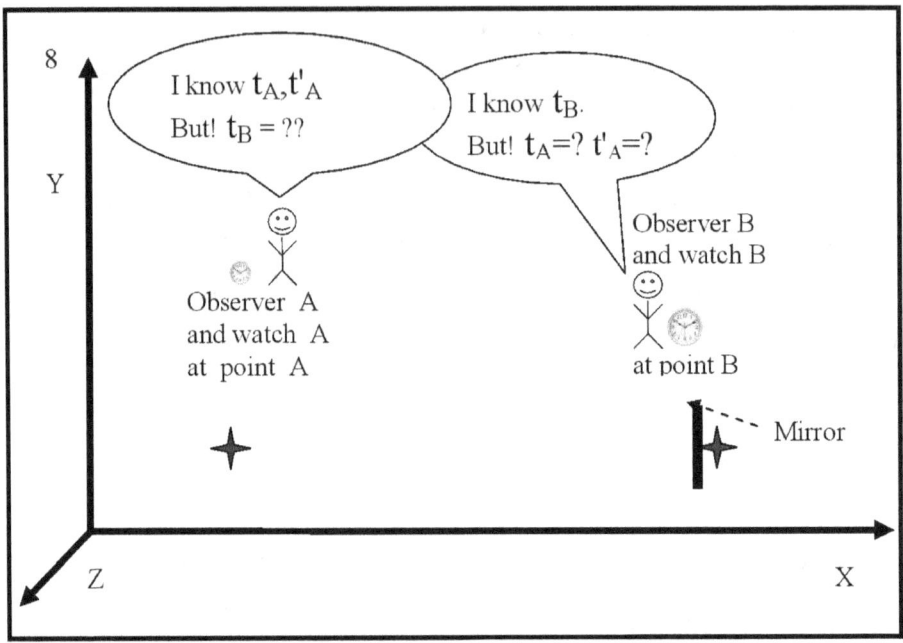

Figur 8 viser, at så kan ingen af observatørerne, den første placeret ved punkt A, og den anden placeret ved punkt B, skrive det matematiske udtryk

$$t_B - t_A = t'_A - t_B$$

med hvilke tidsintervaller bestemmes.

Da det matematiske udtryk ikke kan skrives, følger det, at observatører ikke kan beregne de to tidsintervaller. Hvis observatører ikke kan beregne de to tidsintervaller, kan de ikke synkronisere de to ure.

Vi lavede en analyse, og resultatet af analysen er, at Albert Einstein begik en frygtelig fejl, og hans metode til at bevise to ures synkrone drift var forkert.

Det rejser spørgsmålet, begik Albert Einstein virkelig en fejl? Måske har vi i vores analyse forvekslet noget?

Vores analyse og den konklusion, vi lavede, er korrekte. Hvis Albert Einsteins metode brugte et spejl til at reflektere lysimpulsen, kunne urene ikke synkroniseres.

Problemet er, at Albert Einstein ikke forklarede i detaljer, i detaljer, hvordan det mentale et eksperiment. Detaljer er meget vigtige, når man udfører et tankeeksperiment, men desværre var Albert Einstein ikke opmærksom på dette faktum.

I denne situation er vi nødt til at tænke og overveje, hvad Albert Einstein ville sige. Når vi forstår Albert Einsteins idé, er vi nødt til at ændre måden, metoden til at synkronisere de to ure, og analysere resultaterne igen.

Vi har allerede forstået, at observatøren placeret ved punkt A, kender t_A, og t'_A, men kender ikke tidspunktet for tiden t_B, og kan ikke beregne de to tidsintervaller og vise, at de er ens.

Spørgsmålet opstår: hvordan A vil observatøren på et tidspunkt forstå den numeriske værdi af øjeblikket t_B ?

Observatøren A kan forstå den numeriske værdi af veme-øjeblikket t_B, af uret placeret ved et punkt B, ved direkte at observere urets ansigt i et punkt B. Måske var det Albert Einsteins idé? Hvis det er tilfældet, så skal lysstrålen, der sendes fra observatøren A til observatøren B, oplyse urskiven placeret ved punktet B, og reflekteres af urskiven B. Lyset, der reflekteres fra urets ansigt B, vender tilbage til en observatør A, og observatøren A vil se viserne på et ur B. Så på et tidspunkt B må der ikke være noget spejl. Et observatørur skal placeres i stedet for spejlet B.

Nu vil vi gennem flere figurer, i detaljer og detaljeret, trin for trin vise essensen af det nye tankeeksperiment.

Se figur 9.

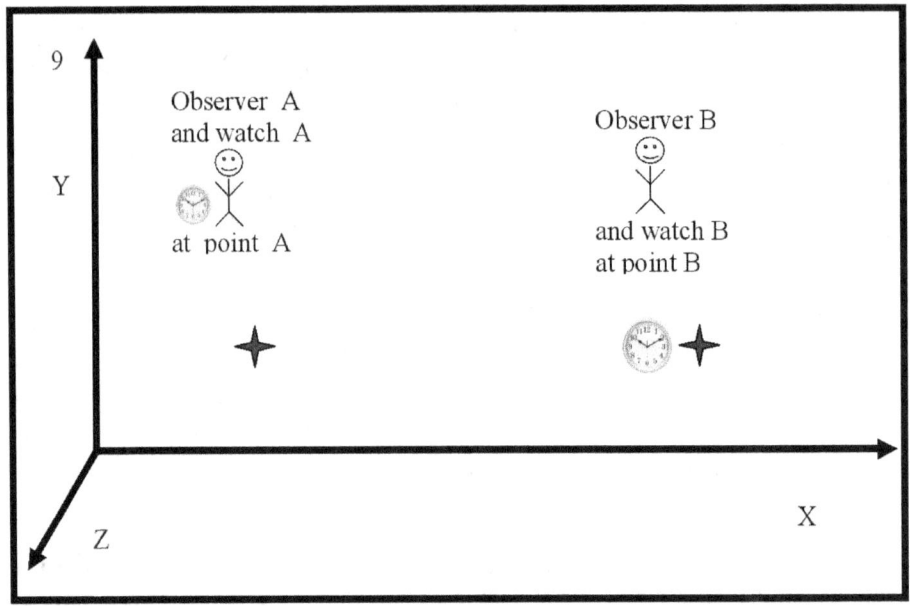

I figur 9 er de to observatører vist. Den første observatør er placeret i umiddelbar nærhed af punktet A. Ved siden af observatøren står et ur A. Den anden observatør er placeret i umiddelbar nærhed af punktet B. Et B observatørur er placeret foran et punkt B. Observatørens B ur er placeret i stedet for spejlet. Urets ansigt B er rettet mod en observatør A. Når urskiven B peger mod et punkt A, vil lysimpulsen oplyse urskiven og reflektere tilbage til en observatør A.

Det nye eksperiment udføres på en anden måde. Startbetingelserne er anderledes. Den væsentligste forskel er, at observatøren, der er placeret på punktet A, skal se placeringen af viserne på uret, der er placeret på punktet B. Dette vil ske, når begyndelsen af lysstrålen ankommer til et ur B og oplyser ansigtet af et ur B og reflekteres tilbage til en observatør A og ankommer til en observatør A.

I belysningsøjeblikket vil pilene vise den numeriske værdi af tidspunktet t_B.

Spørgsmålet opstår: hvordan kan det gøres, så en observatør A kan se det nøjagtige øjeblik for belysning af urskiven B?

Svaret er nemt. Det betyder, at forsøget skal udføres i mørke. Når vi gennemfører tankeeksperimentet, "slukker vi derfor lyset".
Se figur 10.

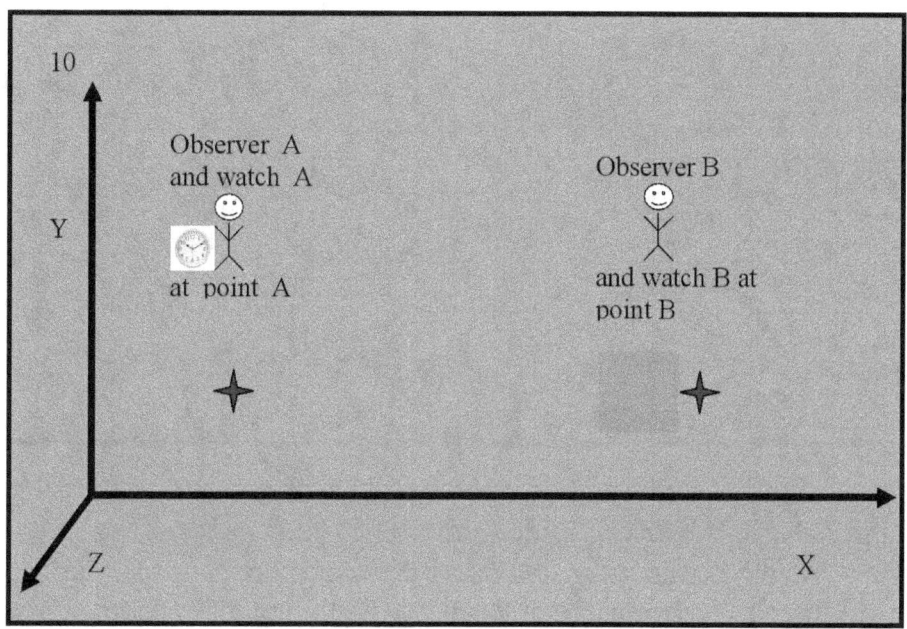

Figur 10 viser, at observatøren placeret ved punkt A, ser viserne på sit ur A, som er let oplyst, men ikke ser viserne på uret placeret ved punkt B, fordi det er mørkt.

Observatøren, der befinder sig på et punkt B, kan ikke se viserne på sit ur B.

En observatør A sender en lysstråle til en observatør B.
Se figur 11.

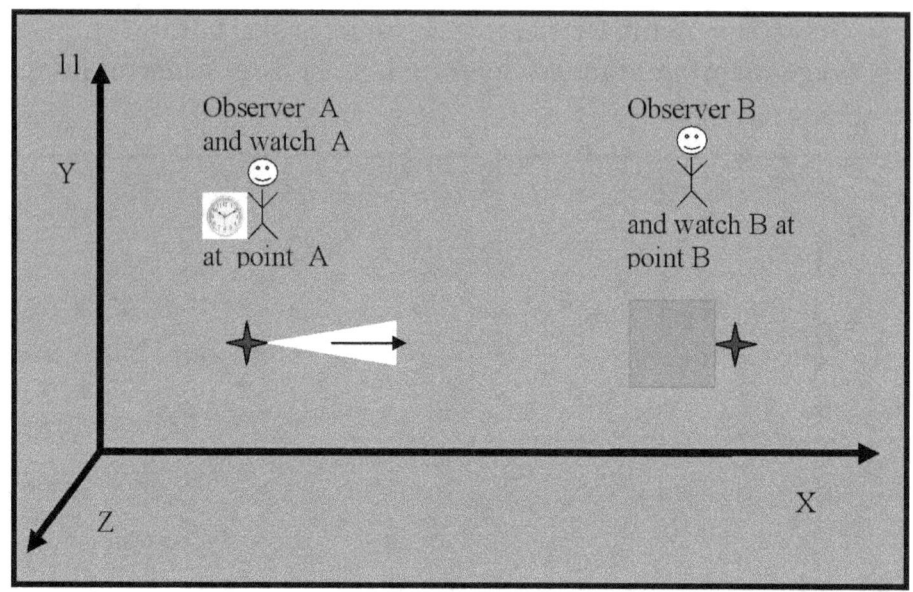

Figur 11 viser, at kilden til lysimpulsen er fra en lommelygte, der er rettet mod uret B.

Vi må huske, at da det første tankeeksperiment blev udført, var kilden til lysimpulsen en laser. Forskellen mellem lysimpulsen fra en laser og lysimpulsen fra en lommelygte er en meget vigtig faktor.

Starten af laserstrålen reflekteres fra spejlet og hopper tilbage. Starten af laserstrålen bærer ingen information om urets aflæsning ved punktet B. Begyndelsen af lommelygtens lysstråle, når den reflekteres af et ur B, bærer information om aflæsningerne af uret ved punkt B.

Vi vil se, at det er denne forskel, mellem lyset fra laseren og lyset fra lommelygten, der ændrer metoden til at synkronisere de to ure.

Begyndelsen af lysimpulsen er en hændelse, der sker på et tidspunkt t_A. Observatøren A bestemmer tidspunktet i tiden t_A gennem sit ur, som er placeret i umiddelbar nærhed af punkt A. Observatøren ved punkt A, husker, at begivenheden "tilsynekomsten af begyndelsen af lysimpulsen" fandt sted på et tidspunkt t_A.

Lysstrålen begynder at bevæge sig mod iagttageren, som befinder sig i punkt B. Lysstrålens oprindelse er placeret et sted mellem punkt A og punkt B.
Se figur.12.

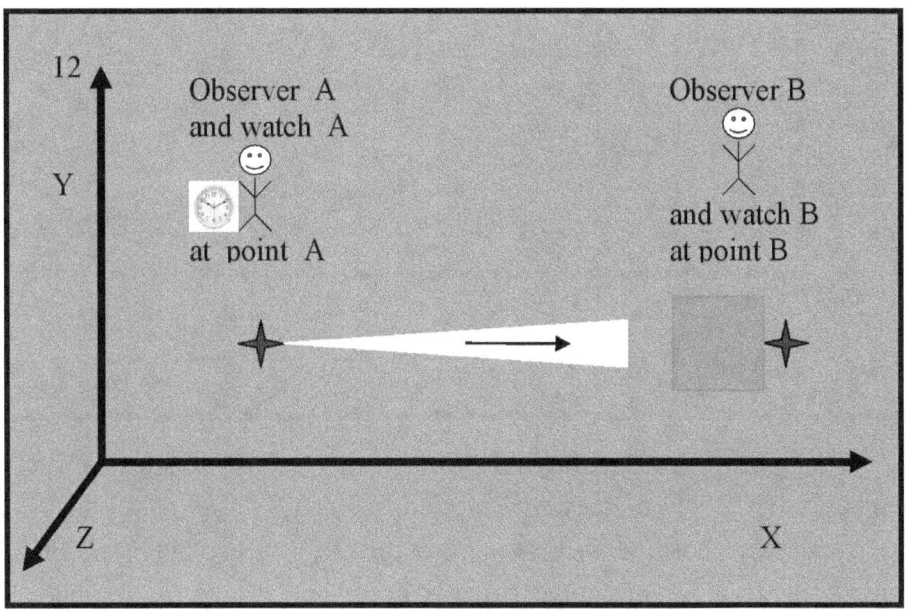

Figur 12 viser, at observatøren ved punktet A ikke kan observere bevægelsen af lysstrålens oprindelse. Men observatøren, som er placeret ved punktet A, har information om, at begyndelsen af lysstrålen bevæger sig mod observatøren, der er placeret ved punktet, B og at begyndelsen af lysstrålen vil blive reflekteret af urets flade, der er placeret ved punktet, B og at den vender tilbage på tidspunktet A.

Begyndelsen af lysstrålen ankommer til punkt B, og oplyser urets ansigt, som er placeret foran punkt B.
Se figur 13

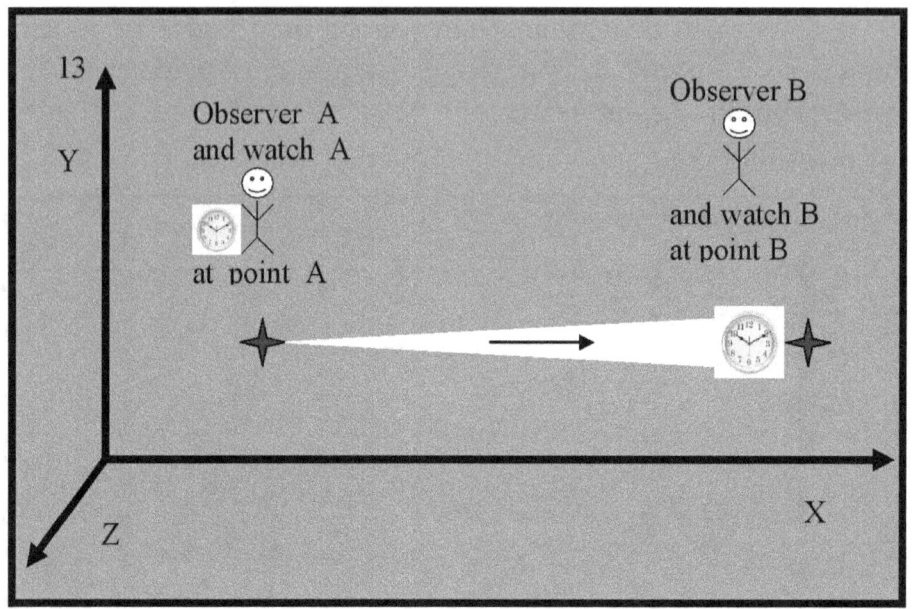

Figur 13 viser, at når forkanten af lysstrålen oplyser urskiven B, vil observatøren ved punktet B se urskiven B. Observatøren, der befinder sig på et punkt, B vil se placeringen af urets visere B. Pilene viser tidspunktet t_B.

Ankomsten af lysstrålen til punkt B, belysningen af urskiven og refleksionen af lysstrålen fra uret er tre begivenheder, der opstår på samme tidspunkt t_B. Observatøren B bemærker på et tidspunkt, at disse tre begivenheder, nemlig ankomst, belysning og refleksion, finder sted på samme tidspunkt t_B. Observatøren, der befinder sig på et punkt, B husker, at lysstrålens ankomst, belysning og reflektion sker på et tidspunkt t_B.

Det er meget vigtigt at forstå og huske, at når observatøren, der befinder sig på et punkt, B ser viserne på det oplyste ur, der er placeret på et punkt B, der angiver øjeblikket t_B, så kan t_B observatøren, der befinder sig på et punkt A, ikke se viserne på uret. på et tidspunkt B. Iagttageren A ser på uret B, men ser mørket. Det skyldes, at lysstrålen, der reflekteres af uret, B endnu ikke er nået frem til observatøren A.

Se figur 14.

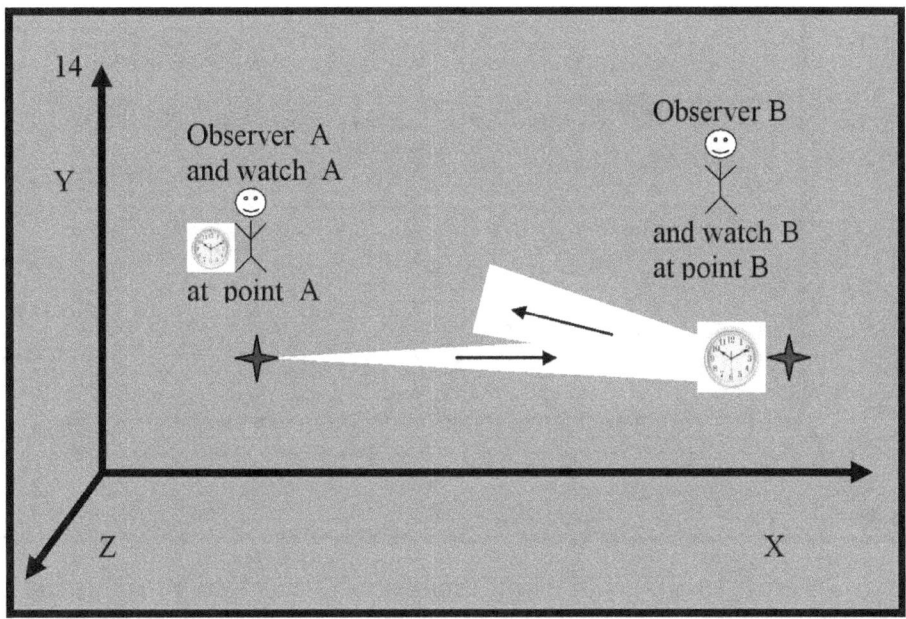

Figur 14 viser, at oprindelsen af lysstrålen er et sted mellem de to observatører.

Når den reflekterede stråle ankommer til en observatør A, vil han først da se urets belysning på et punkt B.

Endnu en gang vil jeg sige, at reflektionen af lysstrålen fra urskiven placeret ved punktet B, er et meget vigtigt element i det eksperiment, vi udfører. Refleksionen af en lysstråle fra en urskive er fundamentalt anderledes sammenlignet med refleksionen af en laserstråle fra et spejl.

, at begyndelsen af lysstrålen B efter refleksion fra urskiven bærer lysbilledet af den oplyste urskive placeret ved punkt B.

Se figur 15.

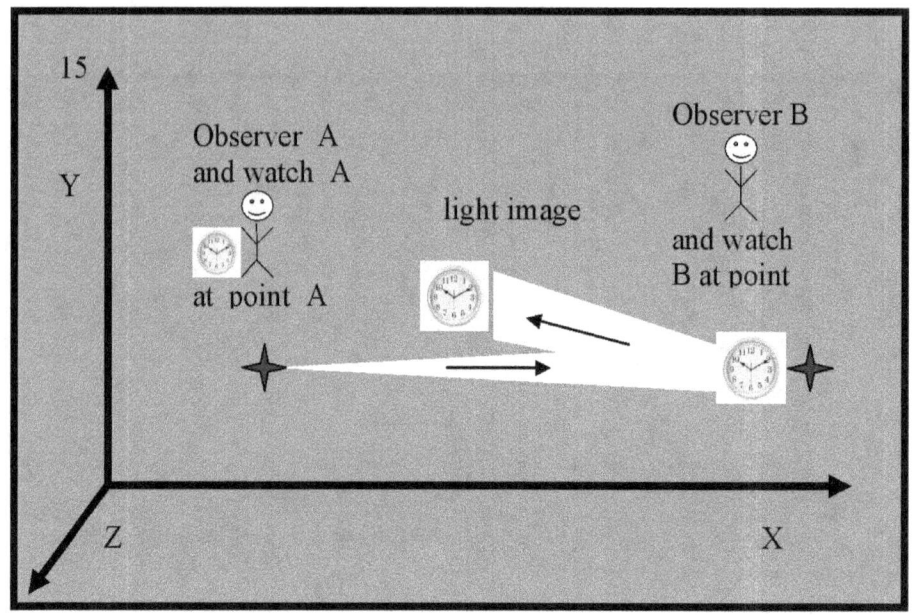

Figur 15 viser, at begyndelsen af lysstrålen har "husket", hvordan viserne på uret er placeret ved punktet B. Dette er hovedforskellen mellem de to tankeeksperimenter, vi analyserer. I det første eksperiment var lysimpulsen fra en laser, der blev reflekteret fra et spejl og ikke havde et lysbillede. Den reflekterede laserlyspuls er et simpelt lysudbrud.

Denne kendsgerning er meget vigtig, derfor skal det forstås og huskes, at i det andet eksperiment bærer begyndelsen af en lysstråle *information* om placeringen af urets visere placeret ved punkt B. Dette er *information* om den kvantitative, numeriske værdi af et øjeblik i tiden t_B.

Lyspulsen ligger et sted mellem punkt A og punkt B. Observatøren ved punktet A, og observatøren ved punktet B, kan ikke observere lysimpulsens bevægelse, men de ved, at pulsen bevæger sig fra punkt B til punkt, A og at den bærer lysbilledet af den oplyste urskive placeret ved punkt B.

Se figur 16.

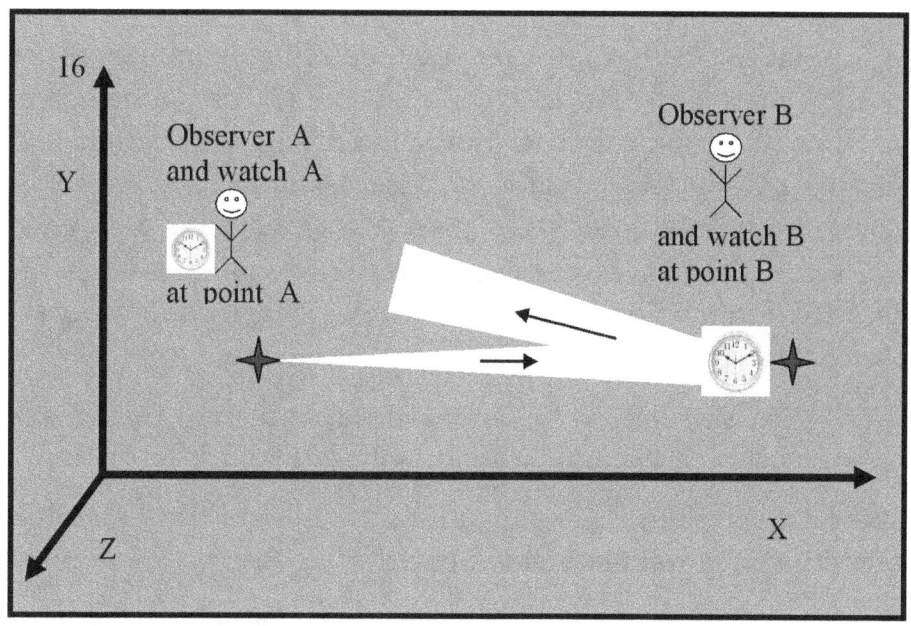

I figur 16 er lysbilledet af den oplyste urskive placeret ved punkt, ikke vist B, men observatører og vi ved, at det er der.

Lyspulsen ankommer til punktet A.

Se figur 17.

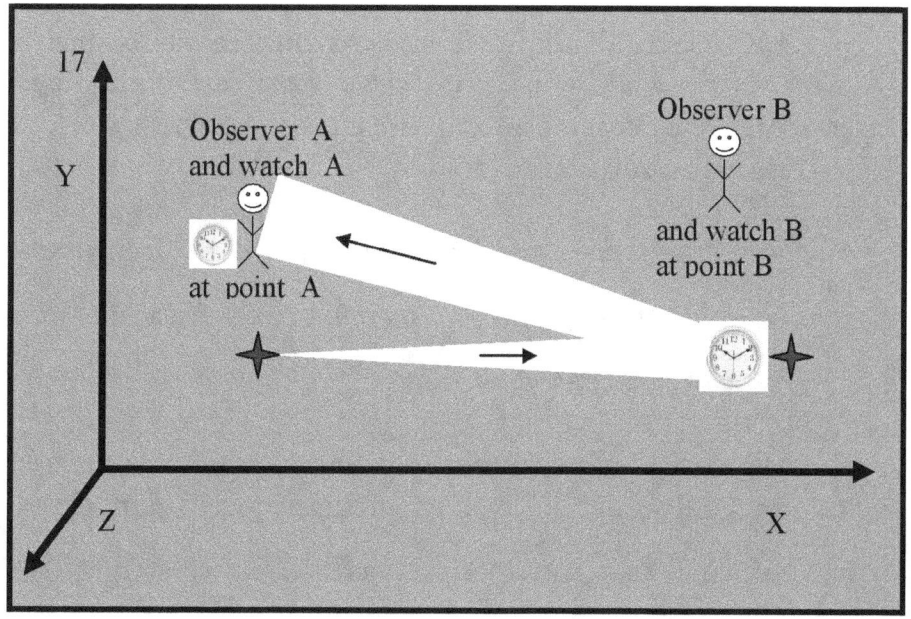

Figur 17 viser, at når lysimpulsen ankommer til en observatør A, vil han se lysbilledet af urskiven placeret ved punktet B. Begyndelsen af lysimpulsen angiver positionen af viserne på uret ved punktet B. Visernes position på et ur B angiver tidspunktet t_B. Når observatøren placeret ved punkt A, ser positionen af viserne på et ur B, vil han acceptere **information** om den kvantitative værdi, som er den numeriske værdi af tidspunktet t_B.

Dette sker lige nu t'_A. Den aktuelle ventilator A bemærker, at ankomsten af lysimpulsen og modtagelsen af informationen sker på et tidspunkt t'_A. Målingen af tidspunktet t'_A tælles af urets aflæsninger, som er placeret ved punktet A. Observatøren i punkt A husker tidspunktet, t'_A fordi tidspunktet t'_A er nødvendigt for at kunne synkronisere de to ure

Det, vi sagde, er meget vigtigt. Det skal forstås og huskes, at:

På et tidspunkt modtager t'_A **en observatør** A **tidsinformation** t_B.

Tankeeksperimentet med at synkronisere de to ure er afsluttet. Efter at have udført tankeeksperimentet modtager observatøren A og observatøren B følgende resultater:

Observatør resultater B:

Først.

Observatøren på et tidspunkt B ved, at lysimpulsen ankom til et punkt B, på et tidspunkt t_B, og reflekterede fra spejlet på et tidspunkt t_B, registreret af hans ur.

Sekund.

Observatøren på et punkt B kender ikke den numeriske værdi af det tidspunkt, t_A hvor lysimpulsen forlod punktet A, og han kender ikke den numeriske værdi af det tidspunkt, t'_A

hvor lysimpulsen kom tilbage til punktet A. For at de to ure kan synkroniseres (ifølge Albert Einstein), skal betingelsen være opfyldt:

$$t_B - t_A = t'_A - t_B$$

For at kunne skrive det matematiske udtryk skal observatøren, der befinder sig ved punktet B, kende de tre numeriske værdier for tidens øjeblikke t_A og t_B. t'_A

En observatør B kender ikke de tre numeriske værdier af t_A tidsøjeblikke og t_B. t'_A Derfor kan en observatør B ikke synkronisere de to ure.

Observatør resultater A:

Observatøren ved et punkt A kender den numeriske værdi af det tidspunkt t_A, hvor lysimpulsen forlod punktet A.

Observatøren ved et punkt A kender den numeriske værdi af det tidspunkt, t_B hvor lysimpulsen ankom til punktet B.

Observatøren ved et punkt A kender den numeriske værdi af det tidspunkt t'_A, hvor lysimpulsen kom tilbage til punktet A.

Albert Einstein sagde, at for at de to ure kan synkroniseres, skal betingelsen være opfyldt:

$$t_B - t_A = t'_A - t_B$$

En observatør kender de tre numeriske A værdier af tidsøjeblikke t_A og t_B. t'_A

Observatøren A skriver ligningen, løser den, og ifølge Albert Einstein er det nok, og urene er synkroniserede. Eksperimentet, vi udfører, er afsluttet med succes.

Er det virkelig sådan?

Svaret på dette spørgsmål er: Nej!

Konklusionen om, at eksperimentet blev gennemført med succes, er ikke sand. Vi vil nu vise, at urene muligvis ikke er synkroniserede.

Ifølge Albert Einsteins metode skal tidens øjeblik t_B være i midten af intervallet, mellem t_A og t'_A, og så synkroniseres urene. Lad os huske eksperimentet med de specifikke tal for tidens øjeblikke:

Otte til ti er klokken to, og ti til tolv er klokken to. Ti er midt i intervallet fra otte til tolv, og så synkroniseres urene. For Albert Einstein er dette det vigtigste.

Men vi påstår, at:

Ti kan **være** i midten af intervallet, og urene **kan er ikke** synkroniseret.

Og det:

Ti er muligvis **ikke** i midten af intervallet, og urene **er** synkroniserede.

Hvad er dette mysterium, og hvordan er det muligt?!

Det er muligt, fordi vi har glemt en meget vigtig kendsgerning:

På et tidspunkt modtager t'_A **en observatør** A **information om tidspunktet** t_B **fra** et andet ur.

At få tidsoplysninger t_B **fra** et andet ur ændrer hele synkroniseringsmetoden.

Vi skriver det numeriske eksempel en gang til.

Lysimpulsen starter klokken otte, **ifølge begge ure**, ankommer klokken ti, **ifølge begge ure,** og vender tilbage klokken tolv, **ifølge begge ure**.

Det vigtigste er koncentreret i udtrykket "**ifølge de to ure**."

Det betyder, at en observatør, A eller en observatør B, skal **se et sammenfald af begivenhedernes forekomst**. Der er tre kampe.

Første kamp:

Sammenfald af begivenheden, der indtræffer i tidspunktet klokken otte ifølge A, med begivenheden, der indtræffer i tidspunktet klokken otte ifølge B.

Anden kamp:
Sammenfald af begivenheden, der indtræffer på et tidspunkt klokken ti ifølge A, med begivenheden, der indtræffer på et tidspunkt klokken ti ifølge B.

Tredje kamp:
Sammenfald af hændelsen, der indtræffer på et tidspunkt klokken tolv ifølge A, med begivenheden der indtræffer på et tidspunkt klokken tolv ifølge B.

Hvis en observatør, A eller iagttager B, ikke kan se de tre sammenfald af begivenheder, kan urene ikke synkronisere.

Vi hævder, at:

Når en observatør A eller en observatør B modtager **information** om forekomsten af en begivenhed, så kan observatøren ikke observere **sammenfaldet** af forekomsten af denne begivenhed med forekomsten af en anden begivenhed.

Tilfældigheder af at ske er kun muligt og kun med **"direkte" overvågning** . Et meget vigtigt spørgsmål opstår her: hvad betyder **direkte observation** ? Einstein stillede ikke dette spørgsmål og analyserede ikke fænomenet **"direkte observation"**. Analyse er nødvendig, især når det kommer til videnskaben om kvantemekanik, hvor tidens øjeblikke er meget tæt på hinanden, og tidsintervallerne er meget små.

Kort sagt kan observatøren ikke synkronisere de to ure.

Nu vil vi igen udføre eksperimentet, omhyggeligt, uden hastværk, og lave en detaljeret analyse.

For at gøre det tydeligt, se figur 18.

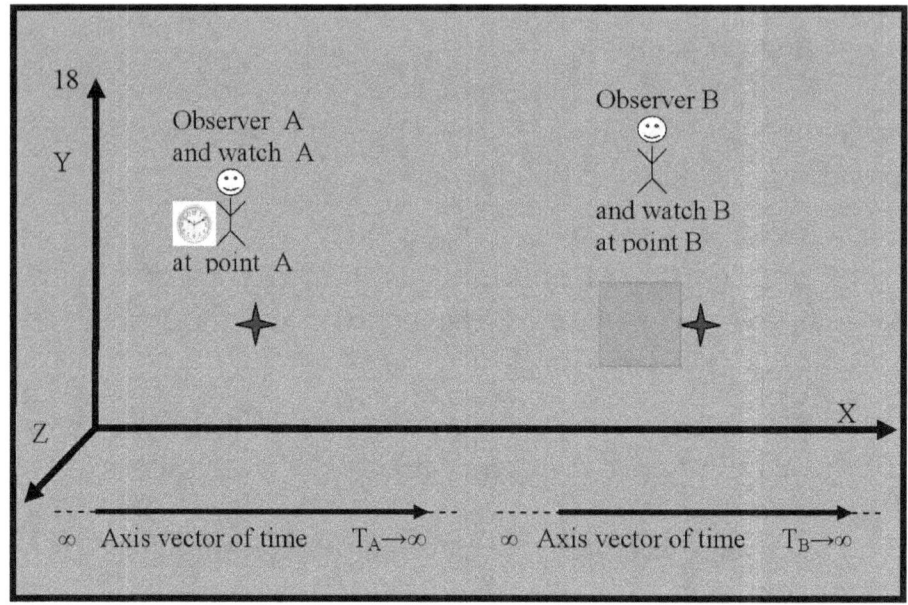

I figur 18 er der vist en observatør, A som ser et ur A, men ikke ser et ur B, fordi uret B ikke er oplyst. En observatør B placeret ved punkt B, som ikke ser et ur B, fordi uret B ikke er oplyst.

To vektorer er vist i bunden af figuren. Disse er koordinatakser for tiden. Den venstre tidsakse vist i henhold til figuren viser, hvordan urtiden ændrer sig A, den højre viser, hvordan urtiden B ændrer sig. Tidens to akser begyndte deres begyndelse, i den uendelige fjerne fortid, og vil fortsætte med at vokse, i den uendelige fjern fremtid. De to tidsakser er uafhængige af hinanden, fordi de er fra to uafhængige ure, ur A og ur B. På akserne markerer vi tidspunkterne for ur A og ur B.

På denne måde vil vi sammenligne tiden mellem observatør A og observatør B. Vi vil være i stand til at forstå hvilket øjeblik i tiden en observatør ser A når en observatør B ser på sit ur, og omvendt hvilket øjeblik en observatør ser B når en observatør A ser sit ur.

En observatør A sender en lysstråle til en observatør B.

Kilden til lysstrålen er fra en lommelygte, som er rettet mod uret placeret ved punkt B.

Fremkomsten af begyndelsen af lysstrålen er en begivenhed, der sker på et tidspunkt t_A. Observatøren A bestemmer tidspunktet t_A ved hjælp af sit ur, som er placeret i umiddelbar nærhed af punktet A.

Den numeriske værdi af tidspunktet t_A er vist på koordinataksen på tidsvektoren af et ur A. Observatøren A husker på et tidspunkt, at begivenheden "tilsynekomsten af begyndelsen af lysimpulsen" fandt sted på et tidspunkt t_A.

Se figur 19.

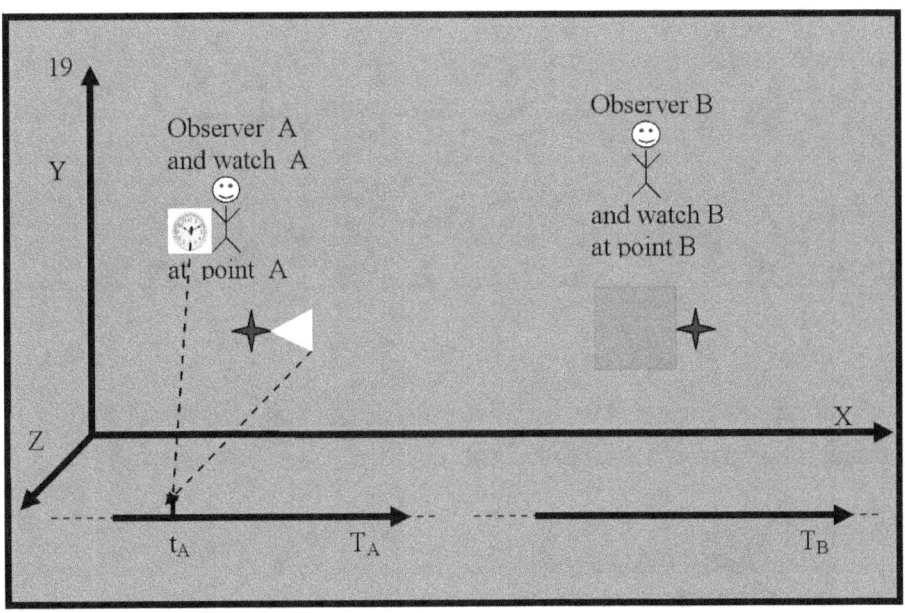

I figur 19 er to stiplede pile synlige, som peger på tidens øjeblik t_A. Den første pil er fra uret A til det aktuelle klokkeslæt t_A. Dette er uret A. Den anden pil starter fra begyndelsen af lysstrålen og slutter ved t_A og angiver, at begyndelsen af lysstrålen dukkede op i tidspunktet t_A.

Når en observatørs ur A viser tid t_A, så vil observatørens ur B vise noget eget tidspunkt, hvilket vi betegner med symbolet

t_{BA}.

Se figur 20

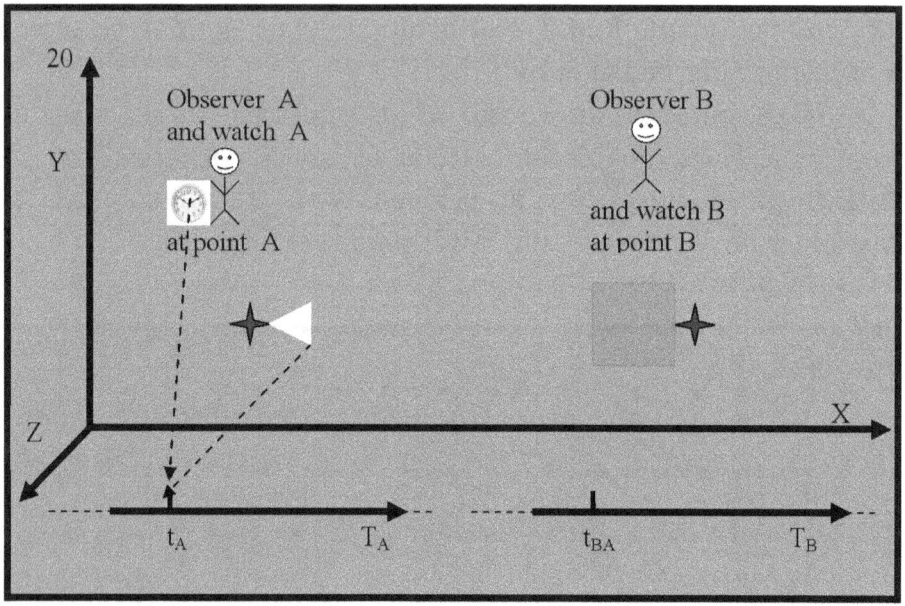

Figur 20 viser tidspunktet for tiden t_{BA}, som er på vektoren T_B af ur B. Hvis vi antager, at uret B og uret A måler og viser den samme tid, så er tidens øjeblik t_A skal være lig med tidens øjeblik t_{BA}.

To spørgsmål melder sig.
Det første spørgsmål er:
Kan en iagttager A vide, at det tidspunkt, der t_A måles af hans ur A, er lig med det tidspunkt, der t_{BA} $_{måles}$ af et ur B?
Svaret er nej. Dette skyldes, at en observatør A kigger på uret B, men det er mørkt der. Det er mørkt, fordi urskiven B ikke er oplyst af lysstrålen. Når lysstrålen ankommer til et ur B og reflekterer fra urets flade B og vender tilbage til en observatør A, først da vil observatøren A se tidspunktet t_{BA} på uret B. Når

en iagttager A ser øjeblik t_{BA} af ur tid B, vil han se på sit ur, og sammenligne t_{BA} uret B tid med hans ur tid A. Hans ur A vil vise en anden tid, der ikke er lig med den aktuelle tid t_{BA}. Dette skyldes, at lyset rejser med en hastighed på tre hundrede tusinde kilometer i sekundet, og det rejser afstanden fra punkt B til punkt A i et realtidsinterval. Dette reelle interval er en forsinkelse, der viser uret A.

Observatør A, kan ikke observere forekomsten af de to begivenheder, kan ikke observere forekomsten af tidens øjeblikke, kan ikke sammenligne de to tidspunkter af tiden t_A og t_{BA}, kan ikke observere et sammenfald af begivenheder, der opstår, og kan ikke entydigt sige, at han, observatøren, på denne måde synkroniserer de to ure.

Det andet spørgsmål er:

Kan en observatør B vide, at den t_A er lig med t_{BA} ?

Svaret er nej. Dette er umuligt, fordi en observatør B ser uret på en observatør A, der er let oplyst, men ikke ser begivenheden "forlader lysstrålen" fra punkt A, fordi begyndelsen af lysstrålen stadig er et sted mellem punkt A og punkt B.

Begyndelsen af lysstrålen og uraflæsningen A, i det øjeblik t t_A, bevæger sig sammen.

Se figur 21.

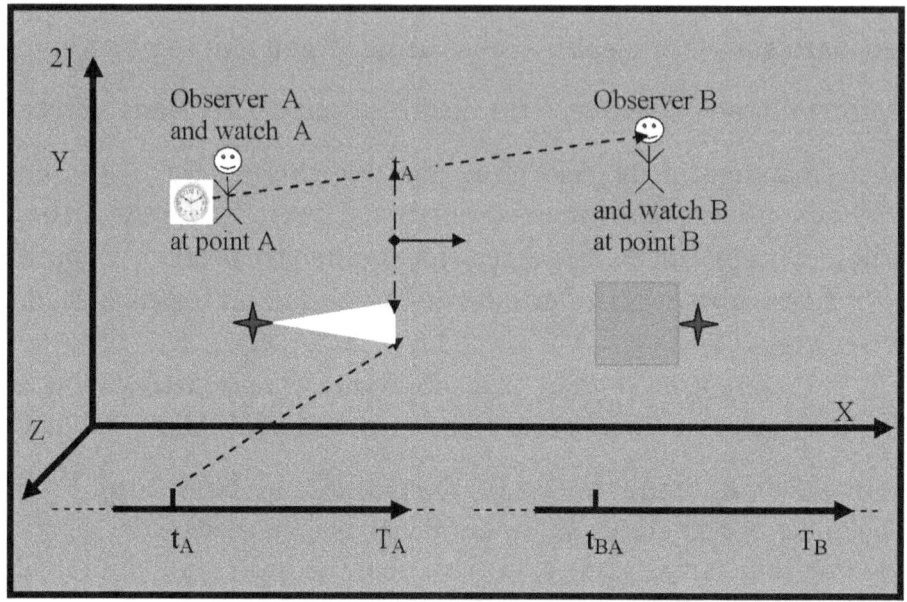

Figur 21 viser, at lysbilledet af uret A bevæger sig på den stiplede pil, der forbinder uret A med observatøren B.

En observatør B vil kun se begivenheden "lysstråleafgang", når begyndelsen af lysstrålen ankommer til en observatør B og oplyser en urskive B.

Det vigtige er, at en observatør B ikke kan se sammenfaldet af begivenheden "tidspunkt t_A på uret A" med begivenheden "tidspunkt t_{BA} på uret B".

Observatøren B kan ikke sige, om det t_A er lig med t_{BA}, og kan ikke bestemme tidspunktet for tiden t_{BA}.

Tidspunktet t_{BA} kan ikke bestemmes af de to observatører. I de følgende figurer er tidspunktet t_{BA} derfor ikke vist på urtidsvektoren B.

På dette stadium af eksperimentet kan observatørerne ikke synkronisere de to ure.

Lysimpulsen fortsætter med at bevæge sig mod observatøren, som befinder sig ved punktet B.

Se figur 22.

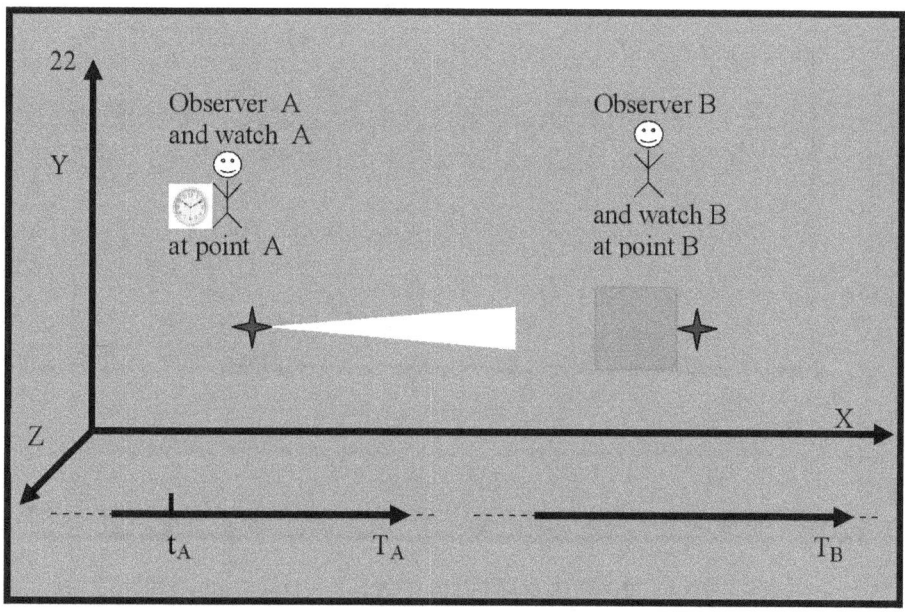

Figur 22 viser , at oprindelsen af lysimpulsen er placeret et sted mellem punkt A og punkt B. En observatør A og en observatør B kan ikke observere bevægelsen af begyndelsen af lysimpulsen. Men en iagttager B og en iagttager A ved, at oprindelsen af lysimpulsen bevæger sig mod punktet B. De har **information** om, at strålen bevæger sig.

Begyndelsen af lysstrålen ankommer til et punkt B og oplyser urskiven B. Observatøren på punkt B, ser på den oplyste urskive og ser, at ifølge hans ur er den numeriske værdi af tidens øjeblik t_B.

Se figur 23.

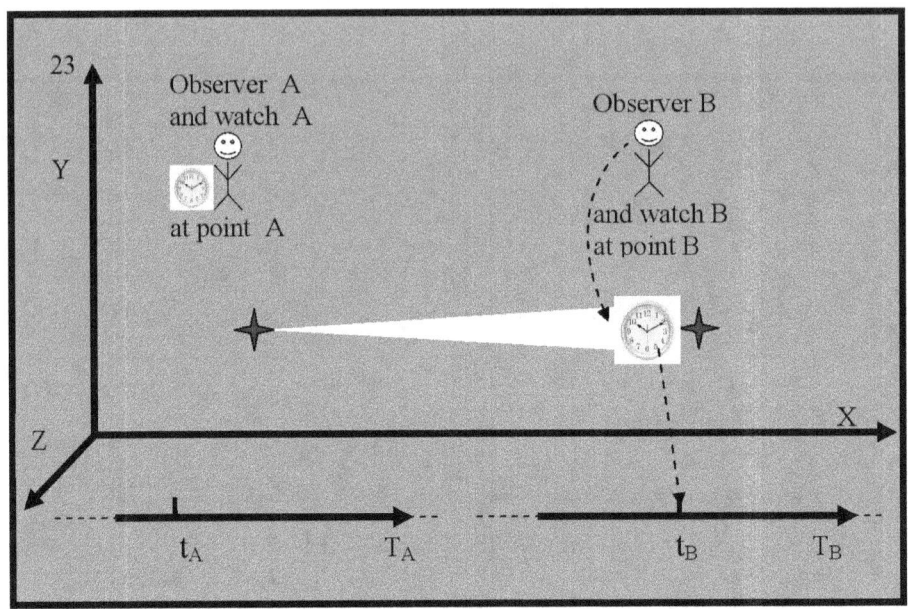

I figur 23 er tidspunktet for tiden t_B vist på tidsaksen for et ur B.

Når en observatør B, se viserne på et ur B, som angiver tidspunktet t_B, viserne på en observatørs ur A, vil angive et tidspunkt t_{AB}.

Se figur 24.

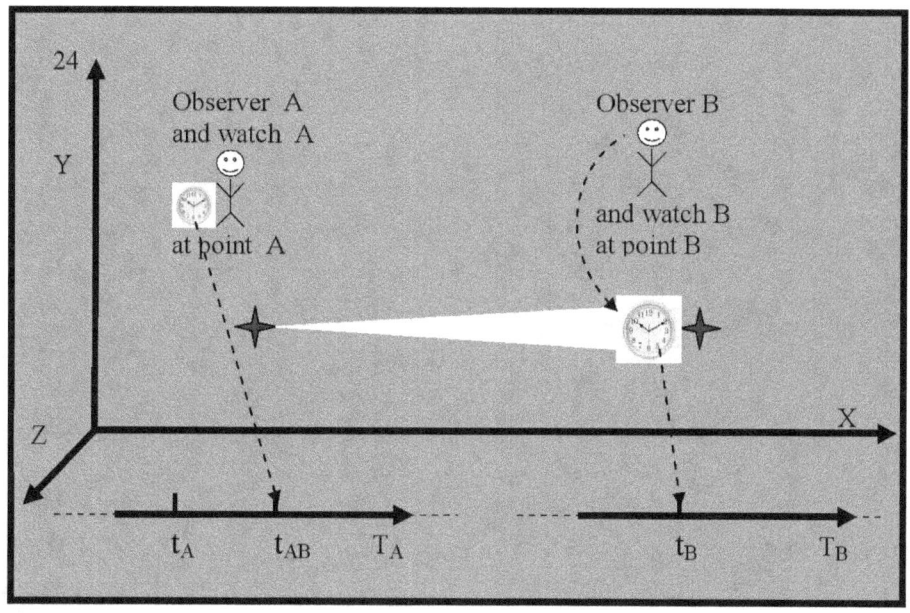

I figur 24 angiver en stiplet pil tidspunktet t_{AB} for uret A.

Hvis vi antager, at ur B og ur A, måler og viser den samme tid, så skal tidspunktet for tiden t_B være lig med tiden t_{AB}.

To spørgsmål melder sig.

Det første spørgsmål er:

Kan en observatør B forstå, at , t_B er lig med t_{AB} og se et sammenfald af begivenheden "opstår på et tidspunkt i tid t_B" med begivenheden "opstår på et tidspunkt i tid t_{AB}"?

Svaret er nej. En observatør B kan ikke se aflæsningerne af viserne på en observatørs ur A, der angiver et tidspunkt t_{AB}.

Se figur 25

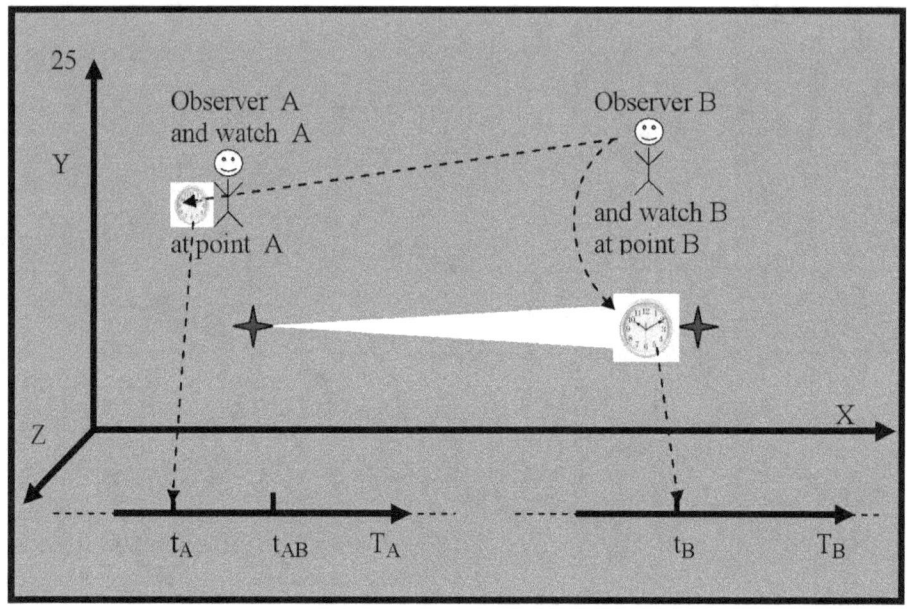

Figur 25 viser, at en observatør B vil se aflæsningerne af viserne på et ur A, hvilket vil angive et tidspunkt i tiden t_A. Dette skyldes, at når en observatør B ser på en observatørs ur A, vil han se lysbilledet af et ur A. Vi har allerede forklaret, at det er lys, der reflekteres fra fronten på et ur A og bærer information om aflæsningerne af viserne på et ur A. Lysbilledet af et ur A bevæger sig sammen med begyndelsen af lysimpulsen. Begyndelsen af pulsen og billedet vil ankomme til et punkt B sammen, og dette vil ske på et tidspunkt t_B målt af et ur B.

Kort sagt, når lysimpulsen oplyser et ur B, vil en observatør B se på sit ur B, et øjeblik i tiden t_B, og vil se på et ur A, et øjeblik i tiden t_A. På dette tidspunkt i vores eksperiment kan observatøren B ikke bevise, at urene er synkroniserede.

Det andet spørgsmål er:

Kan en iagttager A vide, at det tidspunkt, der t_{AB} måles af hans ur A, er lig med det tidspunkt, der t_B måles af et ur B?

Svaret er nej. Dette skyldes, at en observatør A kigger på uret B, men det er mørkt der. Det er mørkt, fordi den reflekterede lysstråle endnu ikke har nået en observatør A. Se på figur 23. Når lysstrålen vender tilbage til observatøren A, A vil observatøren først se tidspunktet t_B på uret B. Når en observatør A ser tidens øjeblik t_B på et ur B, vil han se til sit eget ur, og vil sammenligne tiden t_B på uret B med tiden på sit eget ur A. En observatørs ur A vil vise et tidspunkt t'_A, der ikke er lig med tiden t_B, og som ikke er lig med tiden t_{AB}. En observatør A kan ikke se sammenfaldet af t_B urtidshændelsen A med B urtidshændelsen t_{AB}. Dette skyldes, at lys rejser med en hastighed på tre hundrede tusinde kilometer i sekundet, og rejser afstanden fra punkt B til punkt A i et realtidsinterval. Dette reelle interval er en forsinkelse, som uret A tæller. En observatør A kan ikke bestemme tiden t_{AB} og kan ikke synkronisere de to ure.

På dette stadium af eksperimentet kan observatørerne A ikke B synkronisere de to ure

Begyndelsen af lysstrålen reflekteres af urets flade B og begynder at bevæge sig mod en observatør A.

Se figur 26.

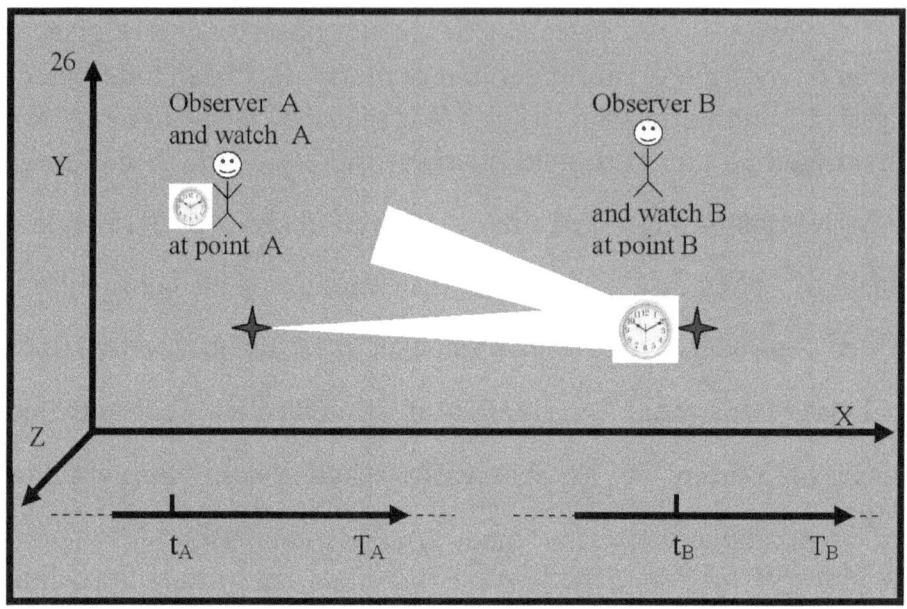

I figur 26 kan det ses, at tiden A ikke er vist på tidsaksen for et ur t_{AB}, fordi den ikke er defineret.

Begyndelsen af lysstrålen bærer information om aflæsningerne af viserne på et ur B.

Begyndelsen af lysstrålen ankommer til en observatør A, Se figur 27.

EINSTEINS FØRSTE FEJL

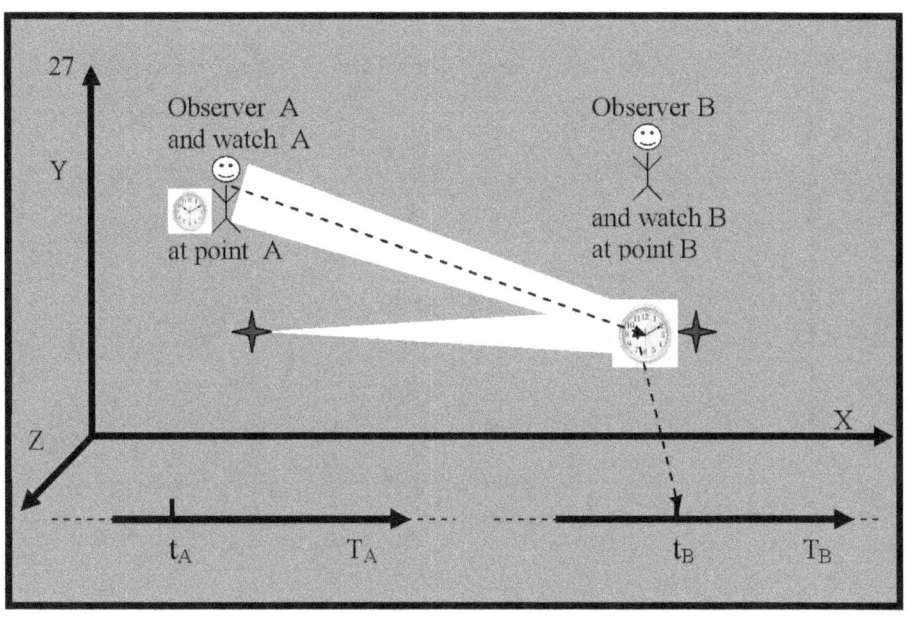

Figur 27 viser , at en observatør A ser lysbilledet af en urskive B og aflæsningerne af viserne på et ur B, der angiver et tidspunkt i tiden t_B .

iagttager, A der kigger på sit ur, ser , at dette sker på et tidspunkt t'_A .

Se figur 28.

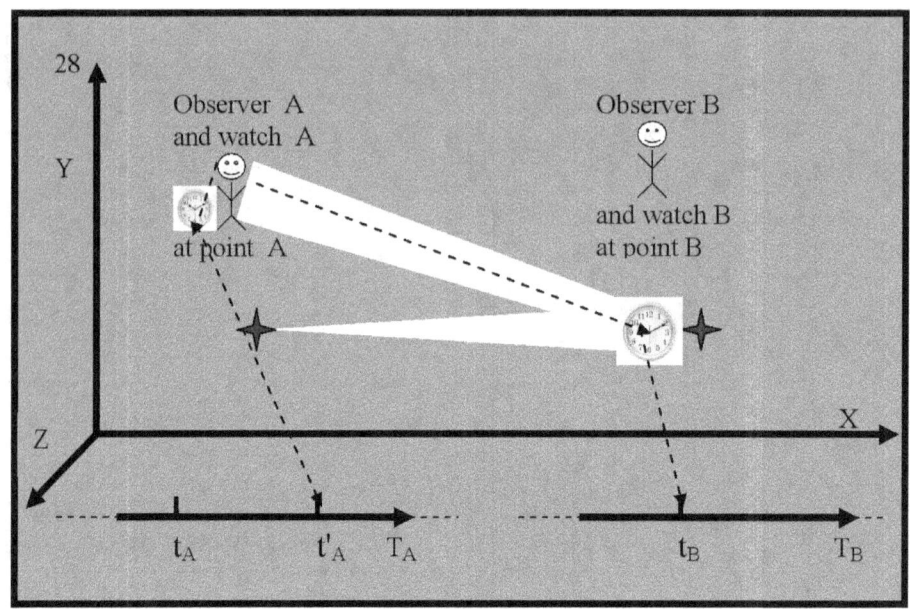

Når en observatør A ser aflæsningerne af viserne på sit ur A, der angiver et tidspunkt t'_A, vil viserne på et ur B pege på et tidspunkt t_{BA}.

Se figur 29.

EINSTEINS FØRSTE FEJL

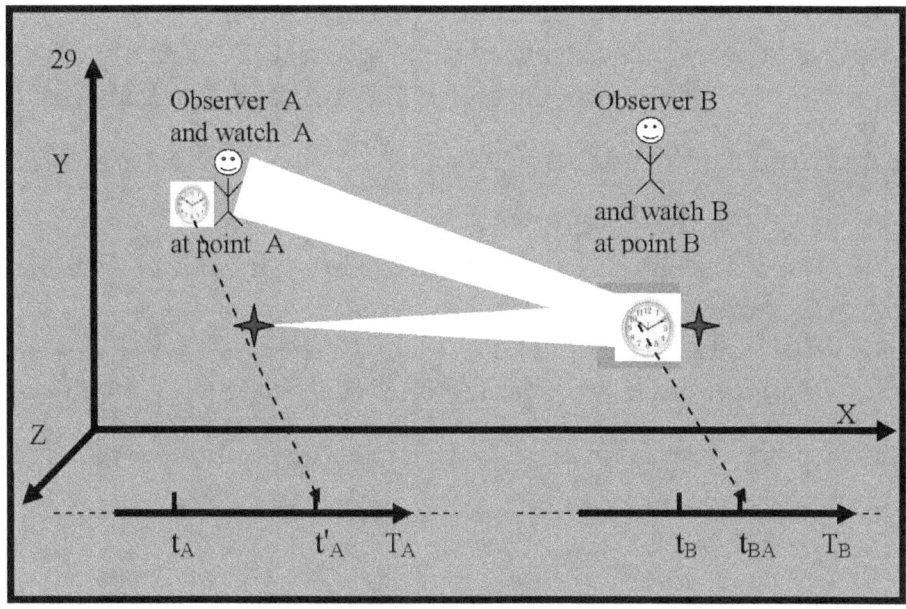

Figur 29 viser, hvad en observatør ser A ifølge sit ur, og hvad en observatør ser B ifølge sit ur.

Hvis vi antager, at urene arbejder synkront, så skal tidsøjeblikket t_{BA} være lig med tidspunktet t'_A.

To spørgsmål melder sig.

Det første spørgsmål er:

Kan en observatør A vide, at tidspunktet t'_A målt af hans ur A er lig med tidspunktet t_{BA} målt af ur B?

Svaret er nej.

Dette skyldes, at en observatør A ser på et ur B, men der ser han et øjeblik i tiden t_B, gennem hvilket tidspunkt en observatør A bestemmer tiden t'_A. Lysbilledet af aflæsningerne af viserne på et ur B, som viser tidspunktet i tiden t_{BA}, er ved et ur B.

Når lysbilledet af aflæsningerne af viserne på et ur B, som angiver tidspunktet t_{BA}, returneres til en iagttager A, først da

A vil iagttageren se tidspunktet t_{BA} på uret B. Men når dette sker, vil uret A vise en helt anden tid. Iagttager A, kan ikke se **sammenfald af hændelse** øjeblik i tid t'_A, med hændelse øjeblik i tid t_{BA}.

En observatør A kan ikke fortælle og bevise, at urene er synkroniserede.

Det andet spørgsmål er:

Kan en iagttager på en eller anden måde B vide, at tidspunktet t_{BA} målt af et ur B er lig med tidspunktet t'_A målt af et ur A?

Svaret er nej.

Dette skyldes, at en observatør B ser på uret A og vil se viserne på uret A, hvilket vil indikere et tidspunkt t_{AB}, der er forskelligt fra tiden t'_A. Den numeriske værdi af tidens øjeblik t_{AB} vil være et sted mellem tidens t_A øjeblik og tidens øjeblik t'_A.

Se figur 30.

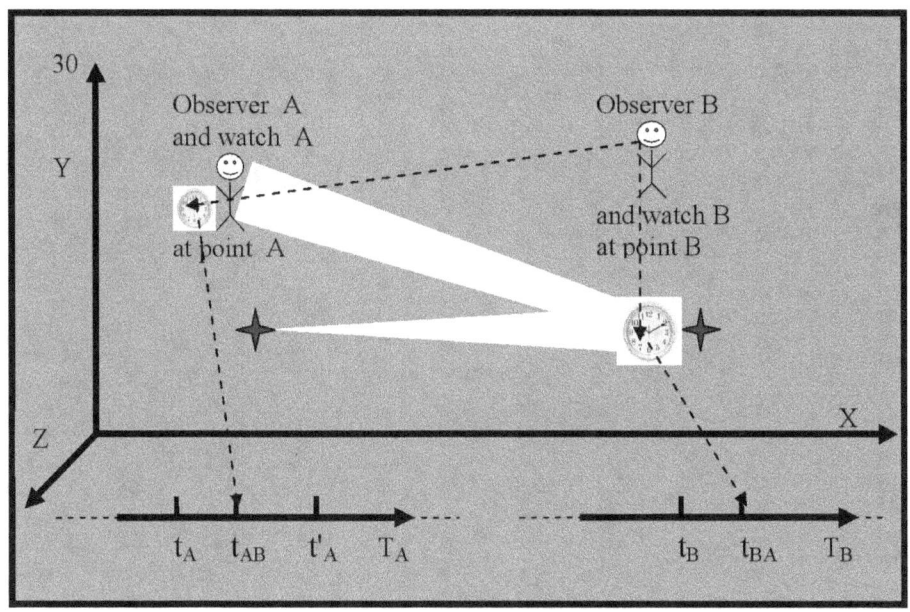

Figur 30 viser, hvad en observatør ville se B. På et ur A vil han se et øjeblik i tiden t_{AB}, på et ur B vil han se et øjeblik i tiden t_{BA}. Øjeblikket i tiden t_{AB} er anderledes end øjeblikket i tiden t_{BA}.

Vi gennemførte det andet eksperiment, som vi udførte i mørke. I detaljer og detaljer analyserede vi lysstrålens bevægelse, og forstod den måde, hvorpå tidens øjeblikke tælles på de to ure. Vi vil opsummere resultaterne.

Se figur 31.

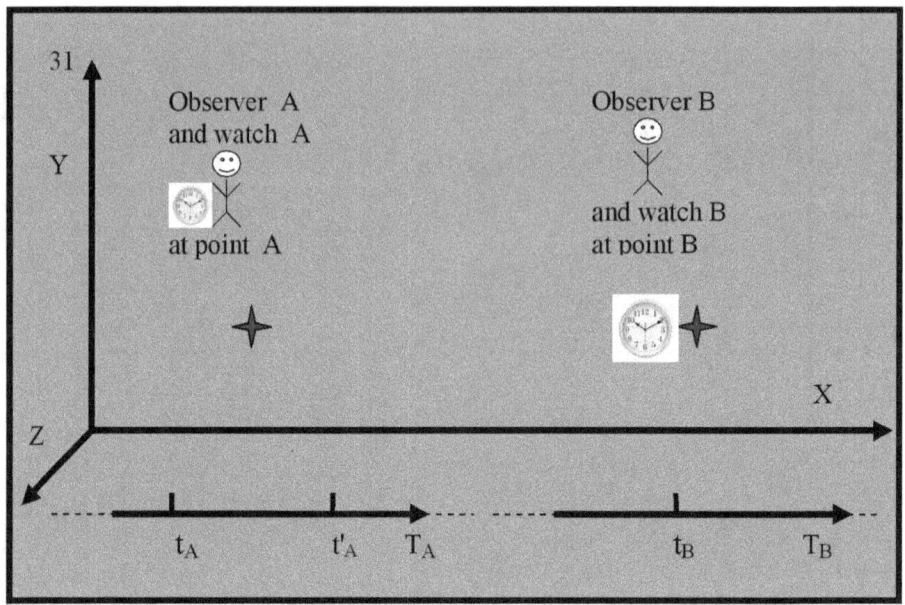

I figur 31 er det vist, hvilke tidspunkter en observatør så A gennem sit ur, og hvilke tidspunkter en observatør så B gennem sit ur.

En observatør B så på sit ur et øjeblik i tiden t_B, hvor ansigtet på et ur var oplyst B.

observatør A så på sit ur et øjeblik af tid t_A - udseendet af lysstrålen, et øjeblik af tid - t'_A tilbagevenden af lysstrålen, og tidspunktet for tiden t_B, fra et ur B.

Vi vil vise dette faktum i den næste figur, og vi vil analysere "lys".

Se figur 32.

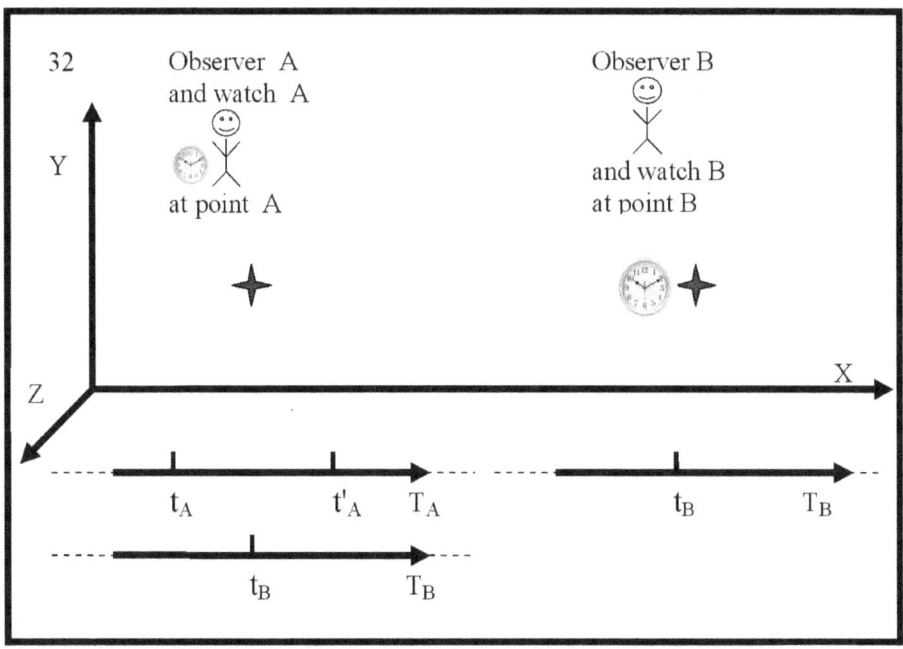

32

I figur 32 kan det ses, at en observatør nedenfor B er vist en tidsvektor med et tidspunkt t_B set af en observatør B.

Nedenfor observatøren A er vist to tidsvektorer, og de tidspunkter, som observatøren har set A. Den anden vektor er en observatør B. På denne måde kan de to vektorer og momenterne på dem sammenlignes.

Et tidspunkt t_B, der er på en vektor, T_B kan ikke placeres på tidsvektoren t_A. Dette skyldes, at de to vektorer er fra to forskellige ure og er uafhængige. Dette er meget vigtigt og bør huskes. I fysikbøger viser de én vektor af tid, og på den vektor viser de tiden for mange forskellige ure. Det er en fejl. Hvert individuelt ur skal have sin egen tidsvektor. På den måde er tidsanalyserne sande og overskuelige.

Når ure arbejder synkront, skal de vise de samme tidspunkter.

Se figur 33.

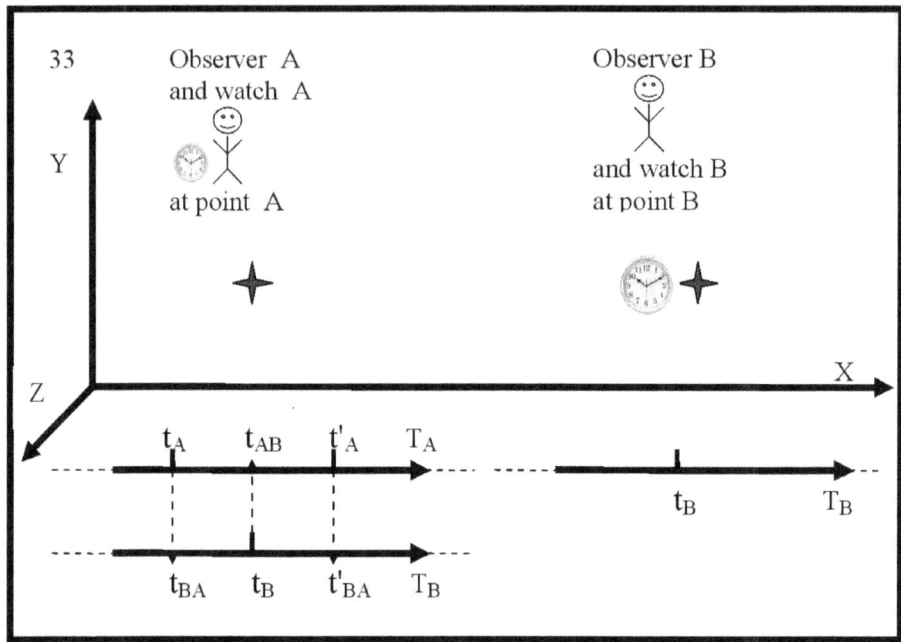

Figur 33 viser det mellem de to tidsvektorer T_A og T_B stiplede pile indsættes. Pilene viser forholdet mellem de forskellige tidspunkter på de to ure.

Når et ur A viser et øjeblik i tiden t_A, så B viser et ur et øjeblik i tiden t_{BA}.

Se figur 33.

Den numeriske værdi af et tidspunkt t_A skal være lig med den numeriske værdi af et tidspunkt i tiden t_{BA}. Denne lighed er **den første nødvendige betingelse** for at bevise, at urene er synkroniserede. Det betyder, at en observatør A skal have set sammenfaldet af disse to begivenheder. Sammenfald af begivenhedens øjeblik i tid t_A med begivenhedens øjeblik i tid t_{BA}. I den analyse, vi lavede, viste og beviste vi, at en observatør A ikke kan se, og ikke kan bevise, sammenfaldet af disse to begivenheder. En observatør A kan ikke opfylde **den første** nødvendige betingelse og kan ikke bevise, at urene er synkroniserede.

Når et ur B viser et øjeblik i tiden t_B, så A viser et ur et øjeblik i tiden t_{AB}.

Se figur 33.

Den numeriske værdi af et tidspunkt t_B skal være lig med den numeriske værdi af et tidspunkt i tiden t_{AB}. Denne lighed er **den anden nødvendige betingelse** for at bevise, at urene er synkroniserede. Det betyder, at en observatør B skal se sammenfaldet af begivenhedens øjeblik i tid t_B med begivenhedens øjeblik i tid t_{AB}. I den analyse, vi lavede, viste og beviste vi, at en observatør B ikke kan se, og ikke kan bevise, sammenfaldet af disse to begivenheder. En observatør B kan ikke opfylde den **anden** nødvendige betingelse og kan ikke bevise, at urene er synkroniserede.

Når et ur A viser et øjeblik i tiden t'_A, så B viser et ur et øjeblik i tiden t'_{BA}.

Se figur 33.

Den numeriske værdi af et tidspunkt t'_A skal være lig med den numeriske værdi af et tidspunkt i tiden t'_{BA}. Denne lighed er **den tredje nødvendige betingelse** for at bevise, at urene er synkroniserede. Det betyder, at en observatør A skal have set sammenfaldet af disse to begivenheder. Sammenfald mellem øjebliks- t'_A begivenheden og moment-in-time-begivenheden t'_{BA}. I den analyse, vi lavede, viste og beviste vi, at en observatør A ikke kan se, og ikke kan bevise, sammenfaldet af disse to begivenheder. En observatør A kan ikke opfylde **den tredje** nødvendige betingelse og kan ikke bevise, at urene er synkroniserede.

Vores analyse viste, at en observatør A og en observatør B ikke kan opfylde de tre betingelser og ikke kan synkronisere deres ure.

Nu kan nogle af læserne indvende, at vi har indført tre nye

betingelser for synkron drift, hvorimod der ifølge Albert Einstein kun skal være opfyldt én betingelse for at synkronisere urene, nemlig:

$$t_B - t_A = t'_A - t_B$$

Ja det er.

Ifølge Albert Einsteins metode, hvis ligheden er sand, så t_B er , i midten af intervallet mellem t_A og t'_A , derfor er urene synkroniserede.

Nu gennem et par figurer vil vi vise to meget vigtige ting:

Først.

Vi vil vise, at tidspunktet t_B kan **være** i midten af intervallet mellem t_A og t_B, og alligevel vil urene **ikke blive** synkroniseret.

Sekund.

Vi vil vise , at tidspunktet t_B muligvis **ikke er** i midten af intervallet mellem t_A og stadig t'_A **har** urene synkroniseret.

Når vi ser disse to ting, vil vi vide, at Albert Einsteins metode er forkert.

Først vil vi vise synkront kørende ure.

Se figur 34.

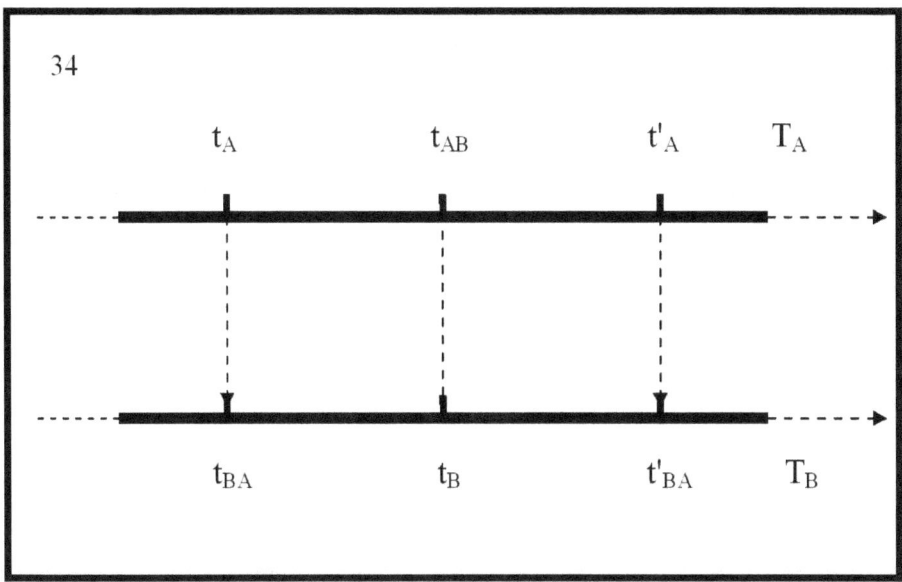

I figur 34 er urtidsvektoren A a , som er T_A, og urtidsvektoren a B, som er , vist T_B.

Tidspunkterne for ur A og ur B falder sammen. Time t_B instant , er lig med time instant t_{AB}, og t_B er midt i intervallet mellem t_A og t'_A. Alle betingelser for synkron drift af urene er opfyldt. Urene arbejder synkront.

I den næste figur er de to ures tidsvektorer og tidsøjeblikke igen vist .

Se figur 35 .

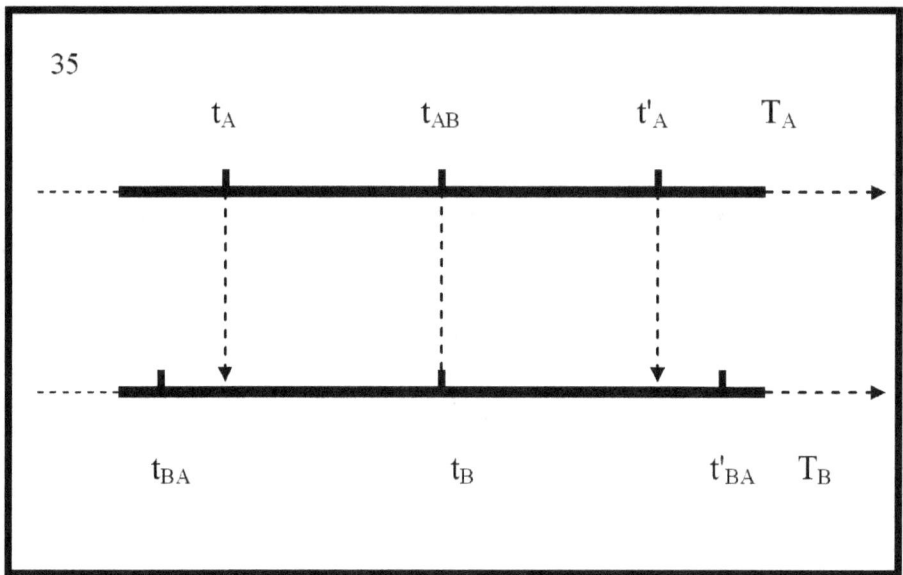

I figur 35 kan det ses, at tidens øjeblik t_A ikke falder sammen med tidens øjeblik t_{BA}, og tidens øjeblik t'_A falder ikke sammen med tidens øjeblik t'_{BA}. Kun tidsøjeblikket t_B, falder sammen med tidspunktet t_{AB}, og er midt i intervallet mellem t_A og t'_A. Ifølge Albert Einstein, når han t_B er i midten, er urene synkroniserede. Men vi ser, at de ikke er synkroniserede. Ved at udføre Einsteins eksperiment er det muligt at opnå dette resultat, hvor forskeren ikke kan forstå, at der er en fejl.

EINSTEINS FØRSTE FEJL

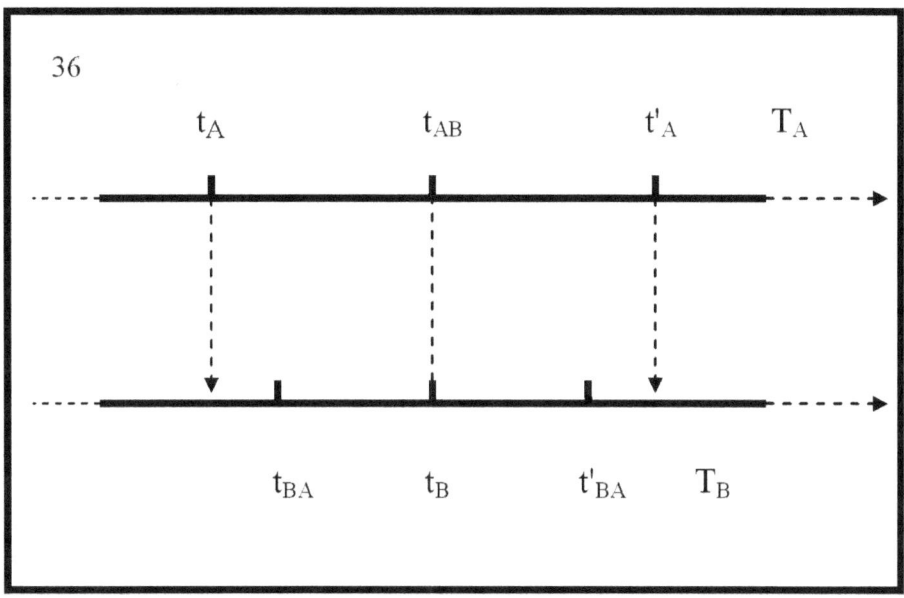

I figur 36 ser vi, at øjeblikket t_A ikke er sammenfaldende med øjeblikket t_{BA}, og øjeblikket t'_A er ikke sammenfaldende med øjeblikket t'_{BA}. Øjeblikket t_B falder sammen med øjeblikket t_{AB} og er midt i intervallet mellem t_A og t'_A, men urene er ikke synkroniserede.

Se figur 37.

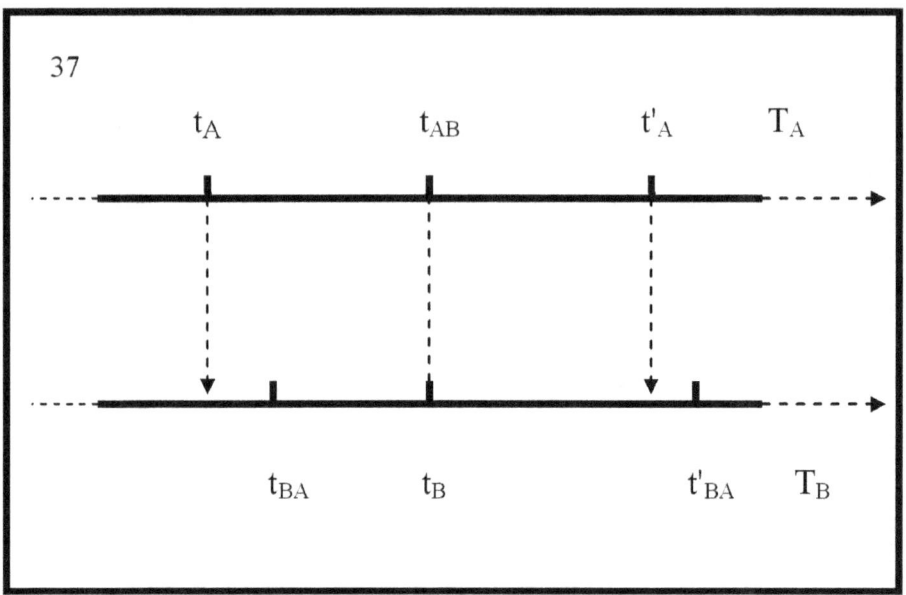

I figur 37 ser vi, at øjeblikket t_A ikke er sammenfaldende med øjeblikket t_{BA}, og øjeblikket t'_A er ikke sammenfaldende med øjeblikket t'_{BA}. Øjeblikket t_B falder sammen med øjeblikket t_{AB} og er midt i intervallet mellem t_A og t'_A, men urene er ikke synkroniserede.

Lad os nu se figur 38:

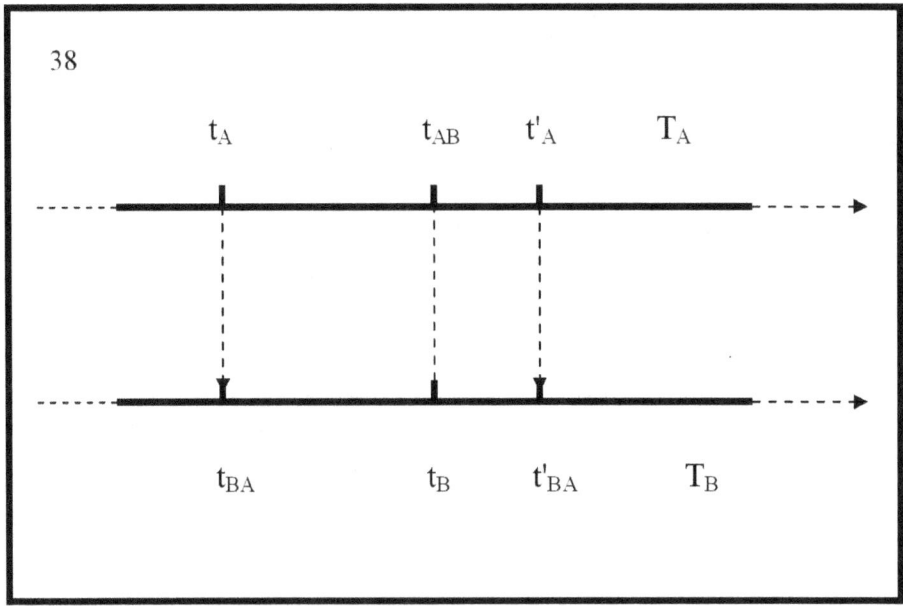

Figur 38 viser, at tidspunktet t_A falder sammen med det øjeblik t_{BA}, den første betingelse er opfyldt, momentet t_B falder sammen med øjeblikket t_{AB}, den anden betingelse er opfyldt, øjeblikket t'_A falder sammen med øjeblikket t'_{BA}, den tredje betingelse er opfyldt.

Alle tre tidspunkter på et ur A falder sammen med de tre tidspunkter på et ur B, hvilket betyder, at **urene er synkroniserede**. Men vi ser, at øjeblikket t_B, som falder sammen med øjeblikket t_{AB}, **ikke** er midt i intervallet mellem t_A og t'_A. Ifølge Albert Einstein, hvis instant t_B, ikke er i midten af intervallet mellem t_A og t'_A, er urene ikke synkroniseret. Det rejser spørgsmålet, hvem har ret? Os eller Albert Einstein? Døm selv.

Nogle af de læsere, der læser det, jeg har skrevet, kan indvende, at der er tale om meget detaljerede analyser, og unødvendigt komplicerede ræsonnementer.

Jeg er ikke enig i en sådan indvending.

Jeg er uenig, fordi vi analyserer principperne og grundlaget for relativitetsteorien.

Relativitetsteorien, i sin udfyldte form, betragter alle de effekter, der er relateret til fysisk tid. I relativitetsteorien er tid en variabel størrelse. Tidens hastighed er forskellig, og afhænger af tyngdekraften og den hastighed, hvormed forskellige fysiske legemer bevæger sig i forhold til hinanden.

For eksempel er der i relativitetsteorien fænomenet sort hul. I et sort hul er tidens hastighed nul, og hvert sekund bliver til et uendeligt langt tidsinterval.

Når man synkroniserer ure, der vil måle tid i relativitetsteorien, skal synkroniseringsmetoderne derfor være meget præcise. Alle handlinger, der udføres og sigter på synkronisering, skal analyseres omhyggeligt. Uklarheder og unøjagtigheder er ikke tilladt.

4. LØSNING PÅ PROBLEMET

Forskellige kriterier er mulige for at bevise den synkrone drift af mindst to ure.

Det er vigtigt at vide og altid huske at:

Først:

Mængden af mulige kriterier for at bevise synkrone bevægelser er uendelig stor.

Se "Tid. Plads. Bevægelse. Hvile. Relativitet. Absolut" LAP LAMBERT Academic Publishing (30-08-2018)

Andet:

Definitionen af specifikke kriterier foretages af forskeren. Valget af en specifik metode afhænger af de videnskabelige og forskningsmæssige opgaver, der skal løses. Valget af vej (metode) er altid en konvention, som er en aftale mellem mindst to forskere.

For det tredje:

Synkronicitetskriteriet gælder for bevægelsestilstanden af mindst to ting. Synkronicitetskriteriet kan ikke anvendes på hviletilstanden.

For det fjerde:

Kriteriet for *synkron drift* af mindst to ure er noget andet end kriteriet for *samtidig og nøjagtig tidsmåling* med mindst to ure.

Vi vil overveje og analysere de klassiske kriterier for kontrol af den synkrone drift af mindst to ure. Ved hjælp af figurer vil vi vise, hvordan bevægelser synkroniseres.

Se Fig . 3 9.

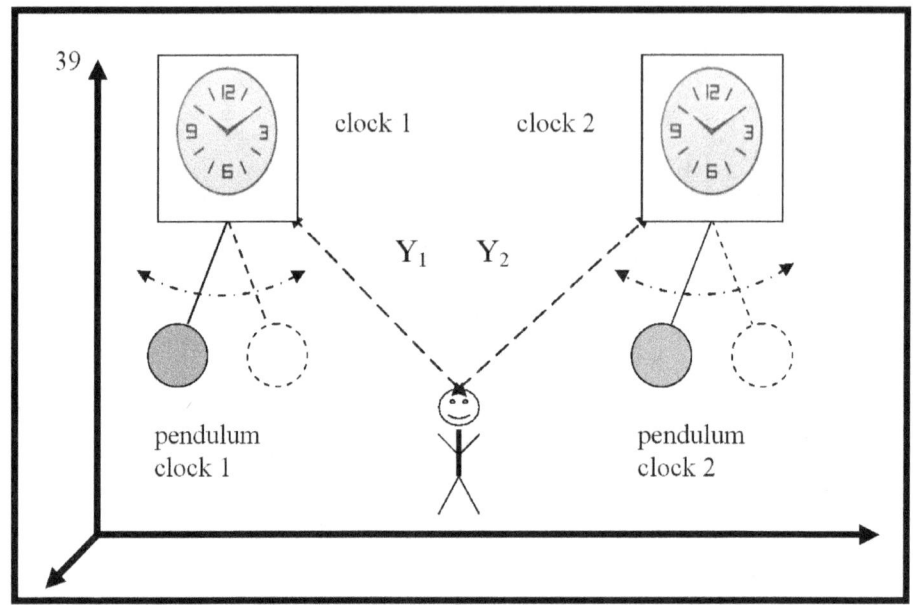

I figur 3 9 er to mekaniske cykliske ure synlige. Mekaniske cykliske ure er dem, der har et pendul.

Se "Tid. Plads. Bevægelse. Hvile. Relativitet. Absolut" LAP LAMBERT Academic Publishing (30-08-2018)

ses en observatør, der er lige langt fra urene. Afstanden Y_1 er lig med afstanden Y_2.

Observatøren er placeret i forhold til urene på en præcist defineret måde. Den måde, observatøren er placeret på, gør det muligt for observatøren at se urpendul et og urpendul to.

Clock Pendulum One og Clock Pendulum Two er placeret yderst til venstre.

Den stiplede linje viser den yderste højre position, som pendulet vil svinge ved ur et, og den yderste højre position, som pendulet vil svinge ved ur to.

I den yderste højre position og i den yderste venstre position er urpendul et og urpendul to i ro.

I det generelle tilfælde kan urene være ude af synkronisering, og derefter bevæger urpendul et og urpendul to sig i forhold til observatøren på en forskudt måde.

Se figur 40.

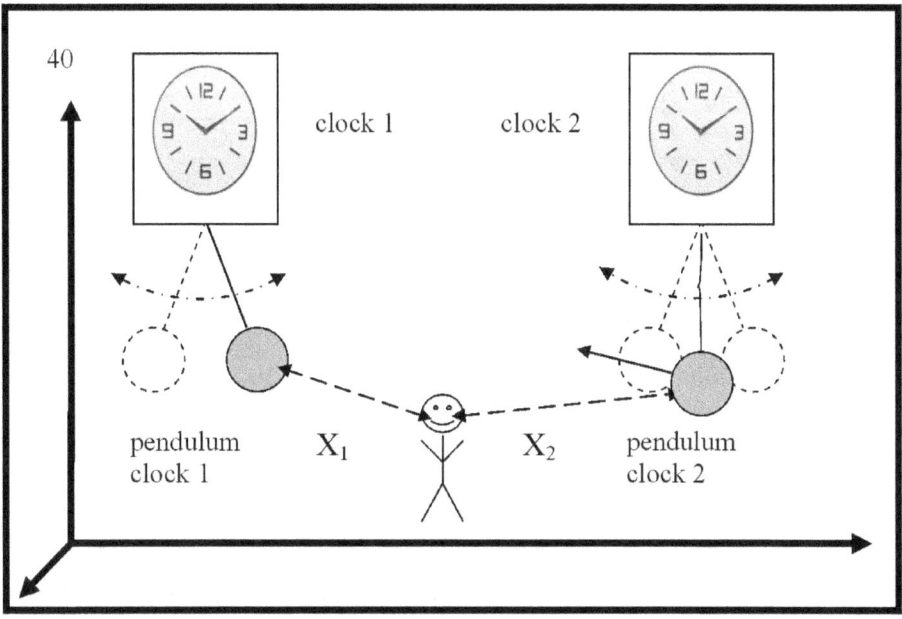

Figur 40 viser, at urpendul 1 er i ro i forhold til observatøren. Men på figuren er det vist, at pendulet på ur to fortsætter med at bevæge sig og nærmer sig observatøren. Afstanden X_1 er mindre end afstanden X_2.

I dette tilfælde skal observatøren tage de nødvendige foranstaltninger for at opnå et sammenfald af hændelsen "hviletilstand for pendul 1" med begivenheden "hviletilstand for pendul to". Dette kan gøres på forskellige måder. Vi vil ikke beskrive de procedurer, der skal udføres for at opnå matchende begivenheder. Vi vil analysere en metode til at kontrollere den synkrone drift af de to ure.

Vi vil overveje et eksperimentelt tilfælde, hvor urene antages at være synkroniserede og skal verificeres.

Se figur 41

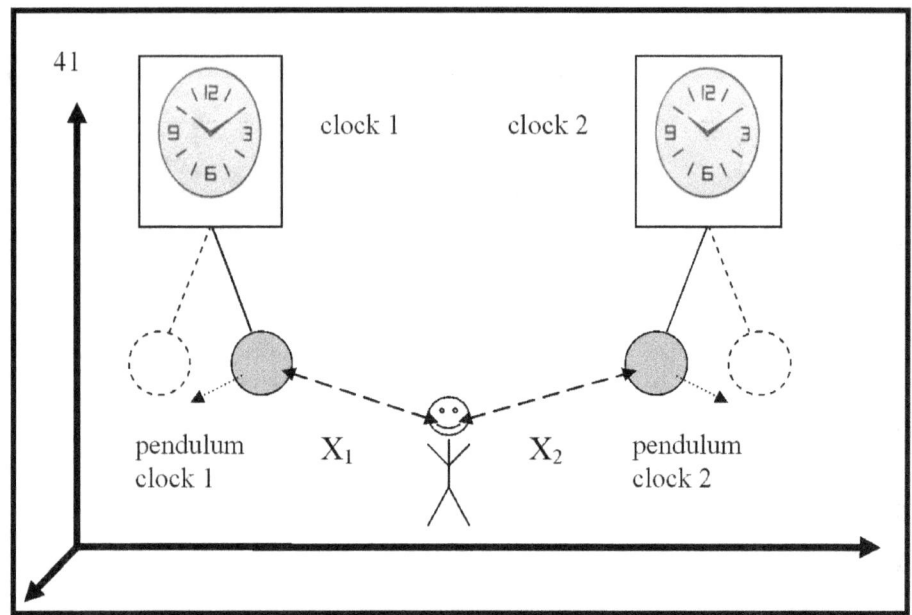

Figur 41 viser urpendul et og urpendul to, der bevæger sig i modsatte retninger. Når pendulet på ur en bevæger sig til venstre, bevæger pendulet på ur to til højre. Observatøren observerer bevægelsen af de to ures penduler Observatøren skal konstatere, at bevægelsen af de to penduler er synkron. Observatøren skal vælge kriterier for synkron bevægelse af pendul et og pendul to. Dette gøres på følgende måde.

Observatøren bemærker, at når urpendul en er tættest på iagttageren, er urpendul 1 i ro i forhold til observatøren og begynder derefter at bevæge sig i den modsatte retning.

Når urpendul to er tættest på observatøren, er urpendul to i ro i forhold til observatøren og begynder derefter at bevæge sig i den modsatte retning. Tilstanden af værelserne i det ene soveværelse og tilstanden af værelserne i soveværelset to er to forskellige begivenheder. Observatøren har mulighed for at observere og verificere sammenfaldet af de to begivenheder.

Når et sammenfald af de to begivenheder indtræffer, slår observatøren de to begivenheder sammen til én ny begivenhed, som kaldes "sammenfald af en *hvilependulbegivenhed en* med en *hvilependulbegivenhed to* ". Hændelsen "sammenfald af en hændelse i *hvile pendul et* med en hændelse i *hvile pendul to* " er en nødvendig betingelse for, at observatøren kan bevise, at bevægelsen af pendul 1 er synkron med bevægelsen af pendul to. Men det er ikke nok. En tilstrækkelig betingelse er, når hændelsen "sammenfald af hændelsen af *hvilependul et* med hændelsen af *hvilependul 2* " indtræffer endnu en gang. Dette bør gøres på den næste svingcyklus med pendul et og pendul to.

Observatøren ved, at bevægelsen af pendulet af ur et og ur to endnu ikke er synkroniseret, derfor fortsætter observatøren omhyggeligt med at overvåge bevægelsen af pendul et og pendul to. Observatøren forventer, at i den næste cyklus, af bevægelse af pendul et og pendul to, for anden gang vil begivenheden "sammenfald af *hvile pendul et* med *hvile pendul to* " forekomme.

hvile pendul 1 med *hvile pendul to* " indtræffer endnu en gang (for anden gang på samme måde), så kan observatøren konkludere, at bevægelse af pendul en, er synkron med bevægelsen af pendul to.

Det er vigtigt at vide og huske, at observatøren kan observere hændelsen "sammenfald af *hvile pendul et* med *hvile pendul to* ", hvis og kun fordi (og når) han er placeret **lige langt** fra de to ure. Hvis denne betingelse ikke er opfyldt, kan matchen ikke overholdes.

De viste kriterier for synkrone bevægelser er elementære. Betydeligt mere komplekse kriterier er mulige. Valget er op til forskeren.

Vi har meget detaljeret beskrevet en metode, hvormed det er muligt at bestemme synkrone bevægelser og synkron drift af to ure.

I de specificerede kriterier, som vi brugte, er begrebet tid ikke brugt nogen steder. Dette gøres ganske bevidst. Synkrone bevægelser (bevæger sig gennem rummet) behøver ikke ideen om fysisk tid for at blive bevist eller modbevist.

Fænomenet tid har brug for dokumenterede synkrone bevægelser. Når synkrone bevægelser påvises, er det muligt at analysere fænomenet fysisk tid.

5. ANALYSE
02.02.2022.

Denne diskussion blev foretaget den anden dag i februar, to tusinde og toogtyve. Det er sjovt.

I 1905 udgav Einstein artiklen " Zur elektrodynamik flyttemand Körper ", Annalen der Physik , 1905 17, 891-921.
I afsnit to i artiklen definerer Einstein to principper for speciel relativitet, som følger:

Første princip.

De love, hvormed de fysiske systemers tilstande ændrer sig, afhænger ikke af, hvilket af de to systemer i ensartet retlinet bevægelse i forhold til hinanden disse ændringer henvises til.

Andet princip.

Enhver lysstråle bevæger sig i et hvilekoordinatsystem med en vis hastighed V , uanset om denne stråle udsendes fra en hvile eller et bevægeligt legeme. Desuden skal $velocity = \frac{beam..path}{time..interval}$ **"tidsinterval" forstås i betydningen af definitionen i stk .**

Bemærk: ($velocity = \frac{beam..path}{time..interval}$) = (hastighed = strålevej / tidsinterval)

Men jeg beklager at bemærke, at Einstein i afsnit 1 ikke giver en definition af " **tidsinterval** ". Endnu værre, i afsnit et bruger

Einstein ikke en eneste gang udtrykket " **tidsinterval** ". Og alligevel insisterede Einstein på, at **et tidsinterval** skulle forstås i betydningen af afsnit et.
Hvad betyder sætningen:
"... **skal forstås i betydningen af definitionen i stk. 1**".

Dette kan ikke være en definition. Denne måde at lave analyser på er ikke korrekt. Dette fører til misforståelser og en række fejl. Det betyder, at når forskellige forskere læser afsnit et, vil de få forskellige ideer om et **tidsinterval** . Når de får forskellige ideer, vil de tænke anderledes om **tidsintervallet** . Det er rigtigt, det burde ikke ske. Folk er forskellige og opfatter matinformation forskelligt. Dette er helt normalt, og det vil det altid være. Det er grunden til, at hver enkelt forsker bør give så klare, så præcise og så korte som muligt definitioner.

Så læser læseren definitionen, og en klar idé om det definerede fænomen skabes i hans sind . Når to forskeres repræsentationer er klare, kan disse to repræsentationer være identiske. Dette er formålet med hver enkelt definition, der skabes i videnskaben.

Einstein nåede ikke dette mål. Jeg har på fornemmelsen, at han af en eller anden grund ikke stillede sig sådan en opgave, og som om han bevidst ikke tilbød en definition af begrebet "tidsinterval". Nogle læsere vil måske hævde, at dette ikke er så vigtigt, og det betyder ikke noget for den særlige relativitetsteori. Jeg vil svare sådan her: Jeg er kategorisk uenig. **Tidsintervallet er et grundlæggende og vigtigt begreb i Special Relativity, måske det vigtigste af de to principper.** **Tidsintervallet** spiller en nøglerolle i skabelsen af det matematiske apparat til den særlige relativitetsteori. De matematiske udtryk er elementære, og det er let at se, at når relativitetsteorien skabes, bliver " **tidsintervallet** " til **fysisk tid** gennem Lorentz-formlen. Einstein var den første til at foreslå en definition af begrebet fysisk tid. Efter min mening er dette hans vigtigste bidrag til videnskaben. Fysisk tid er et grundlæggende (grundlæggende, vigtigt) begreb i den særlige relativitetsteori, i den generelle relativitetsteori og i fysikvidenskaben. Ingen andre før Einstein havde antaget, at fænomenet FYSISK TID eksisterede.

Einstein udtrykte denne hypotese i 1910 i artiklen " Le principe de relativite ses impacts dans physique moderne " . I dette papir brugte Einstein tidsintervaller og skabte gennem dem hypotesen om FYSISK TID.

Derfor , når man definerer begrebet "tidsinterval", skal definitionen være helt klar, helt præcis, perfekt præcis. Når klarhed, præcision og præcision er fraværende, betyder det, at skjulte hypoteser og detaljerede aksiomatiske sandheder eller halve definitioner kan være til stede. Det er, når de største fejltagelser og fejlslutninger i videnskaben dukker op.

I den angivne formel $t_B - t_A = t'_A - t_B$ er tidsintervallet defineret, kun og kun for et ur A. I den givne formel er der ikke noget tidsinterval B. Tidsintervallet for ur A, bruges i skjult form, og for ur B. Det er netop det , man kalder en skjult hypotese. I den første del af artiklen forsøger jeg at vise, hvad konsekvenserne er af denne skjulte hypotese. Ifølge Einstein er urene synkroniserede, men ud fra den analyse, vi har lavet, er det meget tydeligt, at urene måske ikke er synkroniserede. Dette er et klassisk eksempel på, hvordan en unøjagtighed fører til usikkerhed i hele hypotesen. Denne ubestemmelighed bliver til en ukorrekthed og har alvorlige konsekvenser for Special Relativity, General Relativity og fysikvidenskaben.

Mange forskellige forskere har analyseret den særlige relativitetsteori, og har vist deres personlige holdning til Einsteins hypotese. En del er tilhængere, en anden del er modstandere. Begge er enige om, at de to principper er de vigtigste og er grundlaget for den særlige relativitetsteori. Men begge begår meget ofte den samme fejl, nemlig at de ikke citerer hele det andet princip. De bemærker ikke, at den sidste sætning i princippet er en del af selve princippet og repræsenterer et **tidsinterval** . Hvis de citerer ham, er de ikke opmærksomme på, hvad der blev sagt, og analyserer det ikke .

Endnu en gang det andet princip:

Hver lysstråle bevæger sig i et hvilekoordinatsystem med en vis hastighed V **, uanset om denne stråle udsendes fra en hvile eller en bevægende krop.** Desuden $velocity = \dfrac{beam..path}{time..interval}$ skal "tidsinterval" forstås i betydningen af definitionen af afsnit 1".

I den sidste sætning af det andet princip (det røde) brugte Einstein først udtrykket "**tidsinterval**", og hævdede umiddelbart efter, at "**tidsinterval**" var defineret i afsnit et. Jeg har læst afsnit 1 meget omhyggeligt og gentagne gange. Jeg ville finde en definition af "tidsinterval". Desværre fandt jeg ikke en sådan definition. Hvis nogen læser lykkes, så skriv endelig ind. Jeg vil være taknemmelig. Jeg kan ikke acceptere en sådan definition, som foreslås på denne måde. Begrebet **tidsinterval o** har brug for en definition, der er af principiel rang, med hensyn til relativitetsteorien. I relativitetsteorien er et "**tidsinterval**" en bestemt målt, MÆNGDE AF TID, af KVALITETS FYSISK TID. Hvori KVALITET FYSISK TID er relativ. Fænomenet "**tidsinterval**" er til stede i ALLE EN UENDELIG AKTUALITET. Den er til stede absolut samtidigt, og er relateret til den filosofiske kategori TID , og det objektivt eksisterende fænomen TID.

****

Intervallet er kun defineret for et ur, og dette interval skal være lig med intervallet for det andet ur. Her opstår spørgsmålet, hvad betyder ligheden af to tidsintervaller. Sammenfald mellem to tidspunkter skal altid bevises . Starttidspunktet for det første interval skal svare til starttidspunktet for det andet interval, og sluttidspunktet for det første interval skal svare til sluttidspunktet for det andet interval. Dette kaldes sammenfald af begivenheder i tid, hvilket er en perfekt idé om Einstein. Når sammenfaldet er bevist, så er det muligt at konstatere, at de to intervaller er lige store. Dette er dommen, og i det menneskelige hoved skabes en idé om lighed med to tidsintervaller . Det skal altid huskes, at ideen om noget er anderledes end selve tingen. Begrebet tid er anderledes end fænomenet tid. Jeg siger dette, fordi jeg er fast overbevist om, at begrebet **fænomenet fysisk tid** er helt anderledes end begrebet fænomenet **filosofisk tid** . Den filosofiske **kategori af tid** betegner et virkelighedsfænomen, der er fundamentalt forskelligt fra Einsteins fysiske tid. Den moderne udvikling af fysik viser, at denne kendsgerning ikke tages i betragtning.

****

Målingen af en **mængde tid** udføres ved hjælp af et " **tidsinterval** " og bruges til at måle afstand. Ved afstandsmåling anvendes en standard. Hvert benchmark (for afstand) har to endepunkter. Kuponens to endepunkter falder sammen med to punkter af DEN UENDELIGE EFFEKTIVITET.
Sammenfaldet af punkter i rummet er absolut. Sammenfaldet af to punkter på en linje med to punkter på en anden linje er altid absolut samtidig. Det er **forekomsten af begivenheder i tiden** . Sammenfaldet af disse punkter behøver ikke hypotesen om relativ tid. Når standarden ikke bevæger sig, skal sammenfaldet af point her og nu være absolut samtidig med sammenfaldet af point der og nu.
Det sande udsagn er:
Dengang, **her og nu** , har vi et sammenfald med, **der og nu** .
Der og nu er ifølge uret, **her og nu** . Når afstandene har tendens til at være uendeligt store eller uendelige små, er det en vanskelig opgave at bestemme et **tidsinterval** . Og hvis der ikke er en præcis definition, bliver **tidsintervallet** en utopi.

6 ANALYSE 22022022

Denne analyse blev udført den 22. februar, to tusinde, toogtyve. Endnu et sjovt sammentræf.

I sin analyse brugte Einstein begreberne tid, rum, tidsinterval, tidspunkt for tid, kriterier for synkronisering, ur og måling af tid. Einstein brugte begreber med den idé, at begreber er ekstremt klare, forståelige og ikke behøver nogen forklaring. Men sådan er det ikke. De anførte begreber tjener til at betegne visse fysiske fænomener. Fysiske **fænomener** er objektivt eksisterende. Objektivt eksisterende betyder, at fænomener er uafhængige af bevidsthed (menneskelig tænkning), og at de er uden for den menneskelige bevidsthed, og at de ikke er et produkt af menneskelig bevidsthed. Fysiske fænomener har en vis essens. Essensen af et bestemt fænomen er et sæt af separate dele. Hver del har en bestemt egenskab. Hver egenskab er en form for bevægelse eller en form for hvile.

Summen af de enkelte dele hører til en hel essens . Bevidsthed afspejler fænomenet og dets essens. Tænkning er en højere form for refleksion (søg på internettet efter "Theory of Reflection" akademiker Todor Pavlov). Tænkeprocessen dækker en del af det uendelige sæt af mulige forbindelser mellem delenes egenskaber, af fænomenets essens. Det er mulige sammenhænge mellem bevægelsesformer og hvileformer. At tænke, som en højere form for refleksion, af et bestemt emne er singulær, singulær, hvilket betyder, at den er absolut. Det betyder, at i DEN ENE UENDELIGE VIRKELIGHED er der ikke to enheder, der tænker ens. Hver bestemt entitet er singulær, absolut og afspejler DEN ENE UENDELIGE AKTUALITET på sin egen, subjektivt unikke måde. Som følge af refleksionen opstår ideer om **begrebets form og indhold** i subjektets sind, hvorved det eksisterende fænomen objektivt betegnes. Fagene analyserer og kommunikerer gennem konkrete begreber. Formen af det konkrete begreb, der bruges af forskellige fag, er den samme (det er det samme ord), men indholdet af det konkrete begreb, der bruges af forskellige fag, er forskelligt. Human videnskab er resultatet af at udføre kollektive subjektive analyser og forme specifikke konklusioner gennem specifikke begreber. Subjekter erklærer konkrete konklusioner og konkrete begreber for subjektiv sandhed (hypotese), og dette er en konvention, en kontrakt om subjektiv sandhed, som er en hypotese. I hypotesen er de samme begreber med forskelligt indhold til stede. Tilstedeværelsen af begreber med forskelligt indhold betyder, at der er en tilstedeværelse af aksiomatiske skjulte hypoteser.

En af humanvidenskabens vigtige opgaver er bestemmelse og eliminering af skjulte, underforståede, aksiomatiske, subjektive sandheder.

Moderne fysik er fuld af vilkårlige hypoteser, der er gemt i al menneskelig videnskab. Dette er en væsentlig fejl, som kan overvindes ved brug af passende videnskabelige metoder. Vidensteorien (epistemologi) leder os til videnskaben om filosofi, som er Metodologi i forhold til de private videnskaber. Jeg vil bruge dette faktum til at skabe et passende definitionsmiljø. Definitionsmiljøet er en sum af definitioner af vigtige fysiske begreber, og regler for hvordan definitionerne bruges.

7. DEFINITION MILJØ

Definition en.
Den filosofiske **kategori** TID tjener til at betegne **fænomenet** TID.

Definition to.
Fænomenet TID **eksisterer** uafhængigt af **bevidstheden**.

Definition tre.
Fænomenet TID er **en egenskab** ved DEN ENE UENDELIGE AKTUALITET.

Definition fire.
Et "Tidsinterval" er en **mængde på** TID.

Definition fem.
bestemt **mængde** TID hører til en **enkelt kvalitets** TID

Definition seks.
At definere **kvalitet** TID er en konvention.

Definition syv.
Hver begivenhed er et **fænomen, der** besidder en **essens**

Definitionsmiljøet er nødvendigt for analysen af fænomenet TID. Definitionsmiljøet får lov til at blive ændret, eller helt anderledes, hvilket er en ny konvention.
Men det skal være til stede i begyndelsen af enhver analyse. Hvis ikke, er analysen umulig.

8. FORKLARINGER TIL DEFINITIONSMILJØET.

Til definition en.
Den filosofiske **kategori** TID tjener til at betegne **fænomenet** TID.

Forklaring:
I videnskaben om filosofi er der grundlæggende vigtige begreber, som kaldes **kategorier** . Begrebet TID er en filosofisk *kategori* . Begrebet **fænomen** er en filosofisk kategori, der tilhører det dialektiske logiksystem. Dialektisk logik er en del af filosofisk viden, der definerer udviklingen af den absolutte ånd (se Hegel "Åndens fænomenologi")

Til definition to.
Fænomenet TID **eksisterer** uafhængigt af **bevidstheden** .

Forklaring:
Når og hvis **bevidstheden** forsvinder, vil TIDEN fortsætte med at **eksistere** . Begreberne **bevidsthed** og **eksistens** er filosofiske kategorier defineret i Reflection Theory. Refleksionsteori er en del af filosofisk viden, der beskæftiger sig med studiet af REFLEKTION som **hovedegenskaben** ved DEN ENE UENDELIG AKTUALITET. Ejendommen af REFLECTION er årsagen til UDVIKLING af ABSOLUTE ÅNDE og MATERIE. I videnskabsfilosofi er tingens hovedegenskab **angivet** med **kategoriattributten.** Når og hvis **tingen** er frataget egenskaben, ophører **tingen med at eksistere.**
Den filosofiske kategori **eksisterer, den** tilhører teorien om refleksion (Se internettet, akademiker Todor Pavlov "Teori om

refleksion").
Vingi-eksistensen er i RUM og i TID.
Begreberne RUM, MATERIE, ABSOLUT ÅNDE er kategorier af filosofi.
Kategorien ENKEL UENDELIG AKTUALITET tjener til at betegne den uendelige mængde af **objekter** og **emner** (se " Tid . Rum . Bevægelse . Hvile . Relativitet . Absolut " Lambert forlag 2018 "). Begreberne **objekt** og **subjekt** er filosofiske kategorier, der analyseres, defineres og hører til Reflection Theory.
Kategorierne **noget** og **intet** hører til det dialektiske system.

Til definition tre.
Fænomenet TID er **en egenskab** ved DEN ENE UENDELIGE AKTUALITET.

Forklaring:
Den filosofiske kategoriattribut betegner en uigenkaldelig egenskab . Ethvert **fænomen** har en uigenkaldelig egenskab. Jeg har allerede sagt, at når den uigenkaldelige ejendom tages fra **fænomenet** , ophører **fænomenet med at eksistere** . Når TIME-attributten fjernes fra DEN ENE UENDELIG AKTUALITET, ophører den ENESTE UENDELIG AKTUALITET med at eksistere.

Til definition fire.
Et "Tidsinterval" er en **mængde på** TID.

Forklaring:
"Tidsinterval" måles med et TIME-måleapparat. Måleapparatet til TIME måler en **mængde** tid. Måleapparatet for TIME kaldes et ur. **Mængden** af **mulige** ure, i DEN ENE UENDELIG VIRKELIGHED, er uendelig stor.

Til definition fem.
bestemt **mængde** TID hører til en **enkelt kvalitets** TID

Forklaring:
Typen TID er **kvalitativt** defineret TID.
For eksempel er relativ TID **kvalitet** TID, absolut TID er en anden

kvalitet TID, Einsteins fysiske TID er **kvalitet** TID, logisk TID er **kvalitet**. Flere kan listes...

Til definition seks.
At definere **kvalitet** TID er en konvention.

Forklaringer:
I 1898 udgav Poincaré en artikel. (" Tid måling .") «Revue de Metaphysique et de Morale» (1898, t. VI, s. 1 -13).

Dette er en vidunderlig analyse af de problemer, der opstår ved at bestemme måder at måle tid på. I analyseprocessen undersøger Poincaré forskellige regler, der kan bruges, og drager to væsentlige konklusioner:

"I denne diskussion vil jeg gerne henlede opmærksomheden på to punkter.
1. De gældende regler er ret forskellige.
2. Det er vanskeligt at adskille det kvalitative problem med samtidighed fra det kvantitative problem med tidsmåling«.

I det fjerne år 1898 er det, Poincaré sagde, en sand profeti om, hvad der sker nu, i år 2022. Poincaré viser de problemer, der opstår, når man studerer fænomenet TID. Det er problemer, der stopper udviklingen af fysik og al moderne videnskab.

Og da Poincaré endnu en gang undersøger tidsintervaller, siger han:

"Vi må drage følgende konklusion. Vi kan ikke direkte ved intuition bestemme hverken samtidigheden eller ligheden af to tidsintervaller. Hvis vi tror på, at vi har en sådan intuition, er vi vildledt. Vi erstatter det med nogle regler, som vi næsten altid bruger uden at være klar over det."

Poincaré sagde dette i 1898! Dette var otte år før 1905, da Einstein udgav sit første papir om relativitetsteorien (" Zur elektrodynamik flyttemand K ö rper "). I denne artikel begyndte Einstein at tænke på et tidsinterval og forsøgte at skabe en definition af et tidsinterval. Men det lykkedes ikke for Einstein. Min personlige mening er, at Poincaré vidste meget mere end Einstein. Poincaré var godt klar over de problemer, der skulle løses, når han analyserede fænomenet TID. Det var denne viden, der forhindrede Poincaré i at skabe relativitetsteorien, som Einstein skabte teorien. Einstein havde en intuitiv forståelse af fænomenet TID.

Og netop derfor skal intuitiv viden om tid ifølge Poincaré erstattes af regler for måling af tid. Når reglerne for tidsmåling vises, vises TIME - kvalitetskonventionen.

Regler er definitioner, konvention er et definitionsdomæne. Definitionsområdet definerer kvalitet TID. Reglerne præsenteret i konventionen skal opfylde visse krav.

Her er Poincarés ord:

"Hvad er essensen af disse regler?
Der er ingen generel regel. Der er mange private regler, der bruges i hvert enkelt tilfælde. Disse regler er ikke pålagt os, og vi kan opfinde andre. Men de kan ikke ændres, når de komplicerer formuleringen af fysiske love, love for mekanik og astronomi. Derfor vælger vi disse regler, ikke fordi de er sande, men fordi de er de mest bekvemme, og vi kan opsummere som følger:

Samtidigheden af to begivenheder, eller rækkefølgen af deres rækkefølge, skal bestemmes ved ligheden mellem to varigheder, således at formuleringen af naturlove er så enkel som muligt. Med andre ord, alle disse regler, alle disse definitioner, er kun frugten af ubevidste aftaler.

For mere end hundrede år siden skabte Poincaré et program til fremtidig udvikling af hypoteser om fænomenet TID. Dette program skal bruges nu. Jeg er enig i Poincarés analyse og deler hans ideer om udviklingen af videnskab, der studerer fænomenet TID. Poincarés analyser rummer en enorm heuristisk ladning. Det er vejledende ideer, som vi, der analyserer fænomenet TID, skal følge.

Til definition syv.
Hver begivenhed er et **fænomen, der** besidder en **essens.**

Forklaring:
I artiklen " Zur elektrodynamik flyttemand K ö rper " skrevet i 1905 introducerede Albert Einstein begrebet "sammenfald af begivenheder" og foreslog, at det skulle bruges til at definere samtidighed af begivenheder. Her er hvad der står:

"Hvis et ur er placeret i et punkt A i rummet, så kan observatøren, placeret ved A , bestemme tidspunktet for begivenheder i umiddelbar nærhed af A ved at spørge efter sammenfaldet af positionerne af urets visere, der er samtidige med disse begivenheder."

Det forstås ud fra teksten, at Einstein forsøger at **fastslå tidspunktet for begivenheder** , der er placeret i nærheden af ur A, ved hjælp af urvisernes positioner. Einsteins vurdering er ret intuitiv, uklar og kræver yderligere analyse.

Einstein talte om adskillige begivenheder, der fandt sted i nærheden af et ur. Hver af disse begivenheder falder sammen med placeringen af urets visere. Einstein bemærkede ikke, at i dette tilfælde repræsenterer "positionen af urets visere" en forekommende begivenhed. Men altså, det er to hændelser, af to uafhængige begivenheder, der falder sammen. Dette giver Einstein grund til at kalde dem samtidige. Derefter definerer sammenfaldet af mindst to begivenheder, hvoraf den ene er positionen af viserne på **et enkelt** ur, mindst et tidspunkt i tiden. Dette er en meget god idé af Einsteins, som vi vil bruge hele tiden. Og så **opstår begivenheder** (et fænomen dukker op), med en **essens** , der er tilfældighed. Hændelsen 'clock position' har en numerisk værdi. Den numeriske værdi vises i uret og er tildelt hændelsen "ur visere position". De to begivenheder, som er to **fænomener** , har den samme **essens** , som betegnes som en tilfældighed.

Og så har sammenfaldet den samme specifikke numeriske værdi, og kaldes et **tidspunkt** .

Det er normalt angivet med T_n eller t_n , hvor, $n = 0,1,2,3,....\infty$

Et øjeblik i tiden er altid enten begyndelsen eller slutningen af et eller andet **tidsinterval** . Enten begyndelsen eller slutningen af det konkrete **tidsinterval får lov at være ukendt, og så bliver** enten slutningen eller begyndelsen ikke kommenteret af forskeren.

9. KONKLUSION

Man kan sige, at det, jeg har skrevet, ikke er så vigtigt, og Special Relativity er korrekt.
Jeg vil meget kort argumentere:
Særlig relativitetsteori er en teori om fysisk tid. Fysisk tid blev defineret af Einstein. Fysisk tid er relativ. Einsteins metode bruger et simpelt matematisk udtryk:

$$t_B - t_A = t'_A - t_B$$

Gennem dette udtryk definerede Einstein begrebet " tidsinterval ".
I Special Relativity bliver " tidsinterval " til " *fysisk tid* ". Når der er tvivl om, **at tidsintervallet** er forkert, betyder det, at fysisk tid er forkert, og at Special Relativity er forkert.

www.ingramcontent.com/pod-product-compliance
Lightning Source LLC
Chambersburg PA
CBHW071145240526
45465CB00024BA/1776